政府投资公共建筑项目咨询评估

理论·实务·案例分析

主　　编：魏旺拴

中国建筑工业出版社

图书在版编目（CIP）数据

政府投资公共建筑项目咨询评估：理论·实务·案例分析／魏旺拴主编．—北京：中国建筑工业出版社，2019.7

ISBN 978-7-112-23813-2

Ⅰ.①政…　Ⅱ.①魏…　Ⅲ.①政府投资－公共建筑－建筑工程－项目评价－研究－中国　Ⅳ.①TU242

中国版本图书馆CIP数据核字（2019）第111074号

责任编辑：封　毅　张智芊　毕凤鸣

责任校对：赵　颖

政府投资公共建筑项目咨询评估

理论·实务·案例分析

主编：魏旺拴

*

中国建筑工业出版社出版、发行（北京海淀三里河路9号）

各地新华书店、建筑书店经销

北京建筑工业印刷厂制版

北京建筑工业印刷厂印刷

*

开本：787×1092毫米　1/16　印张：18¾　字数：314千字

2019年9月第一版　2019年12月第二次印刷

定价：**55.00**元

ISBN 978-7-112-23813-2

（34101）

编 委 会

主　　编：魏旺拴

编写人员：任晓红　武宇红　康小青　侯浩然　席　欣

王　鑫　贾璟琪　郜丹阳　闫政东　赵月梅

主编单位：山西省投资咨询和发展规划院

序

项目咨询评估是投资项目前期的重要组成部分，也是政府、金融机构以及建设单位等投资主体进行项目投资决策的重要基础与依据。随着我国投资体制改革的不断深入，咨询评估的发展有力地推动了投资决策的科学化、民主化进程，同时也为提高投资效益、规避投资风险、优化重大布局、加强和改善投资宏观调控、促进经济社会可持续发展等方面提供了有力支持。

政府投资公共建筑项目区别于其他工业项目，它是国家“民生工程”的重要组成部分，在评估过程中必须坚持以人为本，充分体现“公益性”“公共性”“服务性”“功能性”等基本属性。近年来，我国政府对投资项目评估高度重视，先后出台了《政府投资条例》《重大行政决策程序暂行条例》《国家发展改革委投资咨询评估管理办法》等文件，政府投资项目管理逐步健全和完善，评估程序和方法也逐渐趋于科学、规范。然而，市面上政府投资公共建筑项目咨询评估实际操作方面专著较少，而且较为零散。在此背景下，由魏旺拴等人编写的《政府投资公共建筑项目咨询评估》应运而生。

本书在编写过程中总结了作者二十多年来在咨询评估领域积累的理论及实际经验，主要突出以下三个特点：(1) 理论与实践融合。本书在系统地阐述了有关科学理论的基础上，凝结了作者多年从事咨询评估的实践经验。(2) 实用性强。作者的意图是使其能够成为一本具有较强操作性的项目咨询评估指南，并在这方面作了很大的努力，书中避免了大量理论问题的分析，紧密结合具体案例分析，具有很高的可操作性。(3) 创新性与时效性。本书中均采用最新规范及标准，同时在法律法规及相关政策等方面与国家法律法规保持一致。

在过去的二十多年里，作者魏旺拴一直致力于政府投资建筑项目评估的业务及研究，本书是他在实践的同时进行研究学习而成，全文文气通畅，可操作性较强，可作为应用型的操作指南，适用于政府投资主管部门、建设单位、设计单位、工程咨询评估单位、高等院校和相关从业者，也将对我国的工程咨询行业的健康发展起到积极作用。

期待更好的成果！

山西省投资咨询和发展规划院　院长：赵新利

2019 年 8 月于山西太原

前　言

政府投资项目是政府进行经济宏观调控、配置社会资源的重要手段之一，一般具有投资大、规模大、建设周期长、风险大、影响广等特点，因此在当今政府投资项目数量及投资规模增长的背景下，其成功与否，不仅直接影响到项目自身的总体效果，还可能给区域经济发展和产业结构带来重大影响，如果决策失误，不仅项目无法达到预期效益，甚至还可能会造成重大的经济损失。改革开放以来，中央和地方政府相关部门相继制定了一系列的规章、规范，确立了政府投资项目先评估后决策的前期工作程序，有效推动了科学决策机制的建立和完成。目前，随着我国项目评估理论和方法的日趋成熟，政府投资项目评估已成为项目投资决策科学化、民主化和规范化的重要环节。

本书从咨询评估基本概念和政府投资公益性公共建筑项目重点评估内容入手，通过研究政府投资公益性公共建筑项目评估领域的核心关注点，为政府工作人员、咨询机构技术人员提供重要参考。全书由魏旺拴任主编，共分为十二章，对政府投资项目咨询评估的相关知识作了介绍。第一章为基础知识，主要介绍咨询评估的发展历程、概念、原则、特点、作用等，并阐述了政府投资项目评估的工作程序和主要内容，由王鑫编写；第二章为必要性评估，主要从规划、政策及法律法规符合性、区域经济布局和经济优化评估等方面进行阐述，由席欣、魏旺拴编写；第三章为建设条件评估，主要从规划选址、土地供给条件、环境保护条件、基础设施条件方面评估进行阐述，由康小青、魏旺拴编写；第四章为建设内容及规模评估，主要介绍评估依据、原则及评估要点，由侯浩然、魏旺拴编写；第五章为建设方案评估，主要从规划、建筑、结构、给排水、暖通、电气方案以及绿色建筑方案评估进行详细论述，由任晓红、魏旺拴编写；第六章为环境影响评估，主要针对项目建设过程中水环境、大气环境、声环境、固体废弃物影响评估等内容进行了详细介绍，由武宇红、任晓红编写；第七章为节能评估，主要从项目用能情况、能源供应条件及节能措施评估等方面进行阐述，由武宇红、侯浩然编写；第八章为社会稳定风险评估，主要从风险调查、风险识别、风险估计以及化解措施评估等方面进行论述，由贾璟琪、康小青、郜丹阳编写；第九章为投资估算及资金筹措评估，主要从项目投资构成、工程费用、工程建设其他费用、预备费用以及资金筹措方案评估等方面进行阐述，由魏旺拴、闫政东编写；第十章为项目效益评估，主要从社会效益、国民经济效益及环境效益评估进行介绍，由赵月梅、王鑫、任晓红编写；第十一章为招投标管理，主要从招标必要性评估、招标类型评估等方面进行阐述，本章由郜丹阳、席欣、赵月梅编写；第十二章为案例分析，本章由任晓红、魏旺拴编写。

项目评估是一项随着经济和社会进步而不断发展的学科。本书是编者多年来工作实践和学习研究的总结，由于水平有限，加之时间仓促，书中难免有疏漏不足之处，竭诚希望读者不吝赐教、批评指正。

编者

2019 年 8 月

目 录

第一章

概　论

项目咨询评估是根据国家颁布的有关政策法规、方法和参数对投资项目进行全面的科学论证和评价分析，是工程项目投资建设过程中不可缺少的环节，作用十分重要。通过对投资机会研究、专项规划、项目建议书（初步可行性研究）、可行性研究报告或项目申请、资金申请报告等文件的编制进行咨询评估，可以为项目决策的科学性提供依据，从而可以避免和降低决策失误造成的损失。本章概括介绍项目咨询评估的发展历程、含义、原则、内容和程序等。

第一节 项目咨询评估发展历程、含义及与投资建设的关系

一、发展历程

项目咨询评估是顺应时代需要而产生、发展的。西方国家在20世纪30年代的评估方法是通过测算项目的财务成本和收益来考虑其盈利能力，这种强调以成本效益分析为核心的方法称为财务分析方法，是项目财务评价的雏形。由于这种方法的使用具有一定的局限性，尤其对属于政府投资行为的项目，诸如公共工程、福利性项目的效益评价存在偏差，具体反映在不能正确评价公共工程对整个社会的经济效益。例如，对外部效果，即项目对社会做出了贡献，或社会为项目付出了代价，而项目本身并未受益或支付费用的这类效果，若不考虑其损益，将可能导致评估结论的失真。因此，这时项目的评估还主要关注微观效益评价。

经过几十年的发展项目评估在理论和实践上均未取得任何重要进展，随着资本主义的发展，经营技术诸如统计、会计和管理的发展和进步，投资项目的评估

方法逐渐切合实际和系统化。1950 年美国联邦机构向河域委员会的成本效益小组公布了一份名为《内河流域项目经济分析建议》的蓝皮书，引用了福利经济学的原理，如资源配置、生产和消费水平、社会效用、社会福利等原理，具有某种权威性，从而统一了项目评估程序和准则。

19 世纪 80 年代，我国与西方国家和国际经济贸易组织在经济、技术、贸易上的往来日益增多，项目建设规模越来越大，采用的技术越来越复杂，对项目前期工作内容的广度和深度提出了更高的要求。为了适应我国全面开创社会主义建设新局面的要求，改进建设项目的管理，提高建设投资的综合效益，1983 年 2 月国家计委颁发了《关于建设项目进行可行性研究的试行管理办法》。1984 年 9 月中国投资银行正式颁布《工业贷款项目评估手册》，作为投资行业系统开展项目评估的依据，率先开展对国内项目及使用世界银行贷款的工业项目进行评估。中国建设银行总行拟订了《中国人民建设银行工业项目评估试行办法》，使我国的投资项目决策走上制度化。1986 年国务院发布《关于固定资产投资规模的若干规定》，正式将项目评估作为项目建设前期的一个重要工作阶段。2004 年为进一步深化投资体制改革，《国务院关于投资体制改革的决定》（国发〔2004〕20 号）、《企业投资项目核准暂行办法》（国家发展和改革委员会第 19 号令）等文件相继下发，明确提出："政府投资项目一般都要经过符合资质要求的咨询中介机构的评估论证"，投资项目的咨询评估作为投资决策分析科学化、程序化和规范化的重要途径再次引发各界关注。2006 年国家发展和改革委员会（简称"国家发展改革委"）、建设部联合发布《建设项目经济评价方法与参数（第三版）》，加强了投资决策的科学性和民主性，提高投资咨询评估的质量和效率，2014 年，为健全政府投资项目后评价制度，规范项目后评价工作，提高政府投资决策水平和投资效益，加强中央政府投资项目全过程管理，国家发展改革委根据《国务院关于投资体制改革的决定》要求制定了《中央政府投资项目后评价管理办法》和《中央政府投资项目后评价报告编制大纲（试行）》。2015 年国家发展改革委对《国家发改委委托投资咨询评估管理办法》进行了第二次修订，为各级地方政府投资主管部门提供了参照办法。2016 年中共中央、国务院颁布了《关于深化投融资体制改革的意见》，同年公布了《政府核准的投资项目目录（2016 年本）》明确了政府投资的领域和方向。2017 年国家发展改革委发布了《关于 2017

年深化经济体制改革重点工作的意见》,《工程咨询行业管理办法》(国家发展改革委 2017 年第 9 号令)对规范政府投资管理、事中事后监管提出了要求,为政府投资项目评估指明了方向。2018 年国家发展改革委对委托投资咨询评估管理办法进行了修订,制定了《国家发展改革委投资咨询评估管理办法》发改投资规[2018]1604 号,进一步完善投资决策程序。2019 年国务院公布了《政府投资条例》(国务院令 712 号)《重大行政决策程序暂行条例》(国务院令 713 号),为健全科学、民主、依法决策机制,充分发挥政府投资作用,提高政府投资效益,规范投资行为,激发社会投资活动,制定相关条例,标志着全国规范政府投资管理迈出了具有重要意义的一步。这一系列政策措施完善了我国投资项目决策的各工作环节,使我国政府投资项目咨询评估在实践中不断完善发展,走向规范化。

二、含义

项目咨询评估是指咨询评估机构接受政府、企事业和金融机构等单位委托,对本地区、部门或单位建设项目的建议书(初步可行性研究报告)、可行性研究报告、项目申请报告、资金申请报告等进行评估论证,提出明确的评估结论和建议,为投资决策者提供科学、可靠、有依据的咨询活动。本书所指的咨询评估是指项目建设前期可行性研究阶段,对公共建筑项目进行的可行性和合理性再次进行研究论证的过程。

三、咨询评估与投资建设的关系

(一)投资

1. 投资的概念

广义投资是指投资者为某种目的而进行的一次资源投放活动。投资者包括政府、企业和个人等,有政治和经济等目的。狭义投资是指经济主体为经济目的而进行的一次资本金的投放活动。经济主体主要指以经济目的而从事经济活动的个人和企业,并将成为市场经济的投资主体,政府机构将逐步撤出经济活动,专门从事市场经济以外的诸如公共服务、公共建筑等方面的投资和管理。

2. 固定资产投资

固定资产投资是建造和购置固定资产的经济活动，即固定资产再生产活动。固定资产再生产过程包括固定资产更新（局部和全部更新）、改建、扩建、新建等活动。固定资产投资是社会固定资产再生产的主要手段。固定资产投资额是以货币表现的建造和购置固定资产活动的工作量，它是反映固定资产投资规模、速度、比例关系和使用方向的综合性指标。

政府通常会通过加强公益性和公共基础设施等领域投资建设，从而实现提高国家经济社会安全保障水平、调节市场失灵、保护和改善环境、促进欠发达地区的经济和社会发展、推进科技进步和高新技术产业化等目标。政府投资按照资金来源、项目性质和宏观调控需要，分别采用直接投资、资本金注入、投资补助、转贷、贴息等投资方式。

（二）咨询评估与投资建设的关系

投资建设是经济和社会发展的重要手段，咨询评估主要为投资建设服务，两者间的关系表现在以下方面：

1. 咨询评估是投资建设发展的产物

咨询评估最早出现于欧洲建筑业，随着工程建设的发展，劳动分工越来越细，出现了以咨询评估为职业的工程师。在我国，党的十一届三中全会确立了以经济建设为中心，投资建设进入新的发展阶段，为提高投资决策科学化、民主化水平，全国自上而下成立了以投资决策咨询为主的咨询评估单位，催生了我国咨询评估业，出现了咨询评估用语。

2. 咨询评估业务主要来源于投资建设

咨询评估是为投资建设全过程服务的行业，因此咨询评估业务绝大部分来源于投资建设。除少数咨询评估单位承担政府部门委托的宏观专题研究任务，为国家编制规划、制定政策提供咨询服务外，大多数咨询评估类单位都从事以工程项目咨询为核心的业务。投资规模大，建设项目多，咨询评估任务量就大，反之亦然。

3. 咨询评估内容随投资建设管理制度变化而变化

咨询评估主要是为投资建设服务，必须在投资建设管理制度框架内开展工作。投资建设管理制度变化，使得咨询评估服务的范围、对象和成果形式随之发生变化。我国建立先评估、后决策的制度后，要求编制项目建议书、可行性研究报告并进行项目评估。

4. 咨询评估难度取决于投资建设所涉及因素的复杂程度

随着工程技术的发展和经济水平的提高，工程项目的技术含量不断升级，项目建设需要考虑国际、国内两个市场的资源供给和现实需求，考虑价格、利率、汇率乃至政治、社会等各种复杂多变的因素，不经过透彻分析，充分论证，就难以得出科学可靠的咨询结论。

5. 咨询评估质量直接影响投资建设的质量和效益

投资人或项目业主委托咨询评估单位开展项目前期阶段咨询决策工作，包括对编制项目建议书、编制可研报告等进行评估，表明对专业咨询机构信任，因此咨询机构提供的咨询评估报告一般都作为决策的依据。在这种情况下，咨询评估质量若不可靠，极容易导致决策失误，造成严重损失和浪费。在投资建设准备阶段、实施阶段也是如此。

第二节 咨询评估的原则、特点及流程

一、咨询评估的原则

项目咨询评估应遵循“独立、公正、科学、可靠”的原则，为委托方提供优质的评估服务。

（一）独立原则

独立是咨询评估最基本的行为准则，咨询评估机构受政府、企业或其他机构或单位委托，在开展咨询评估业务活动中不受外来干扰，独立自主地开展工作并提出咨询评估论证的结论和建议。从项目咨询评估工作的性质来讲，独立是咨询评估的第一属性，是社会分工要求咨询评估行业必须具备的特性。实行行业自律、倡导恪守职业道德，应特别强调咨询评估行业的独立性及其所承担的历史使命和社会责任，把咨询评估工作的独立性摆在重要位置，不受上下左右的干扰。

（二）公正原则

公正就是秉公办事、实事求是，这就要求咨询评估机构和人员在项目咨询评估工作中出以公心、不偏不倚，以公正的态度对拟建项目进行客观的分析论证，全面系统地学习有关资料，认真听取专家意见，不带主观随意性，真实、全面、客观地反映项目情况，实事求是地提出咨询评估的论证结论和建议。

（三）科学原则

科学就是要坚持科学态度，据实比选、据理论证。在咨询评估工作中采用标准化规范的工作方法，科学、系统的信息、数据和评价指标体系，运用现代分析手段并通过合理的工作程序，确保评估结果科学、合理。

（四）可靠原则

可靠是指咨询评估的结果符合实际，可信、可用、可靠，有实际应用价值，有决策支持作用。

二、咨询评估的特点

（1）广泛性。咨询评估业务范围较大，评估内容可以是国民经济全局宏观的规划和政策，也可以是工程项目的全过程，也可以是工程建设某个阶段、某项内容、某项工作的咨询评估。

（2）唯一性。每一项咨询评估任务都是一次性、单独的任务，只有类似，没有重复。

（3）密集性。咨询评估是高度智慧化服务，需要多学科知识、技术经验、方法和信息的集成及创新。

（4）复杂性。咨询评估牵涉面广，涉及政治、经济、环境、社会等领域，需要协调和处理方方面面的关系，考虑各种复杂多变的因素。

（5）前瞻性。许多咨询评估活动需要预测将来，前瞻长远，谋划未然要经受时间和历史的检验。

（6）非物质性。咨询评估提供智力服务，咨询成果（产出品）属于非物质产品。

（7）客观性。检验咨询评估成果的优劣，不完全以业主（委托人）的主观偏好作为标准，而是要以客观正确与否为标准。咨询评估结论可以是肯定的，也可以是否定的。结论为“否定”的评估报告，也可能是质量优秀的咨询成果。

三、咨询评估的步骤及流程

（一）咨询评估的步骤

项目咨询评估工作流程是开展项目评估工作应当遵循的步骤。项目咨询评估涉及各行业各专业的技术与经济方面的工作，需组织有关的专家学者广泛开展调研，全面收集整理资料，然后进行计算、评价分析、汇总主要评估论点，最后采用评估报告会的形式提出评估结论。不同类型的项目由于投资金融不同、涉及领域不同，其工作程序也会有一定的变化。一般来说，项目评估程序大致分为如下5个阶段：

1. 制定评估计划

评估步骤的第一步是评估计划的编制与修订。评估机构根据有关部门下达的计划或建设单位委托的评估项目情况提出具体的实施意见，编制评估工作实施计划。

2. 准备和组织阶段

对于拟建项目进行评估时要确定评估人员，成立评估小组。评估小组人员应结构合理，涉及政策分析、土建工程、财务评价和其他专业技术等领域。评估小组成立以后，评估人员先对项目可行性研究进行初步审查，核实资料，而后应成立专家组对报告进行深入审查和分析，并组织评审会议，提出审查意见。

3. 汇总评估论点

在有关专家、学者的参与下，通过专题论证会，将各个评估要点、各项专题评估意见进行汇总，列出主要问题，特别是对不同意见要重点讨论，从技术、经济的角度评价出最佳方案。

4. 编写评估报告阶段

根据评估报告大纲，评估小组负责人应根据专业做出明确分工，各专业负责人开展专业报告编制工作。在对搜集的资料、数据和项目存在的问题进行分析后，各专业负责人开始正式进入编写阶段。在编制过程中，评估人员可与可行性研究报告编制单位、建设单位或主管部门进行沟通，交换意见。

5. 论证和修改阶段

项目评估报告初稿编写完成后，经过评估小组和专家组进行内部研究论证和征求意见，各专业负责人根据意见修改完善后方可完成最终稿递交主管部门。

（二）政府投资项目咨询评估的流程

政府投资项目，要按照规定的程序进行决策。这类建设项目必须先列入行业、部门或区域发展规划，由政府投资主管部门审批项目建议书，审查决定项目是否立项；再经过对可行性研究报告的评估审查，决定项目是否决策建设。

根据投资体制改革有关完善政府投资体制、规范政府投资行为、合理界定政府投资范围的规定，政府投资主要用于关系国家安全和市场不能有效配置资源的经济和社会领域，包括加强公益性和公共基础设施建设，保护和改善生态环境，促进欠发达地区的经济和社会发展，推进科技进步和高新技术产业化。按照投资事权划分，中央政府投资除本级政权等建设外，主要安排跨地区、跨流域以及对经济和社会发展全局有重大影响的项目。

为健全政府投资项目决策机制，提高政府投资项目决策的科学化、民主化水平，政府投资项目一般都要经过符合要求的咨询中介机构的评估论证。特别重大的项目还应实行专家评议制度；逐步实行政府投资项目公示制度，广泛听取各方面的意见和建议。

对于政府投资项目，采用直接投资和资本金注入方式的，政府投资主管部门从投资决策角度只审批项目建议书和可行性研究报告，除特殊情况外，不再审批开工报告，同时应严格执行政府投资项目的初步设计、概算审批工作；采用投资补助转贷和贷款贴息方式的，只审批资金申请报告。政府投资项目决策评估的流程如图 1-1 所示。

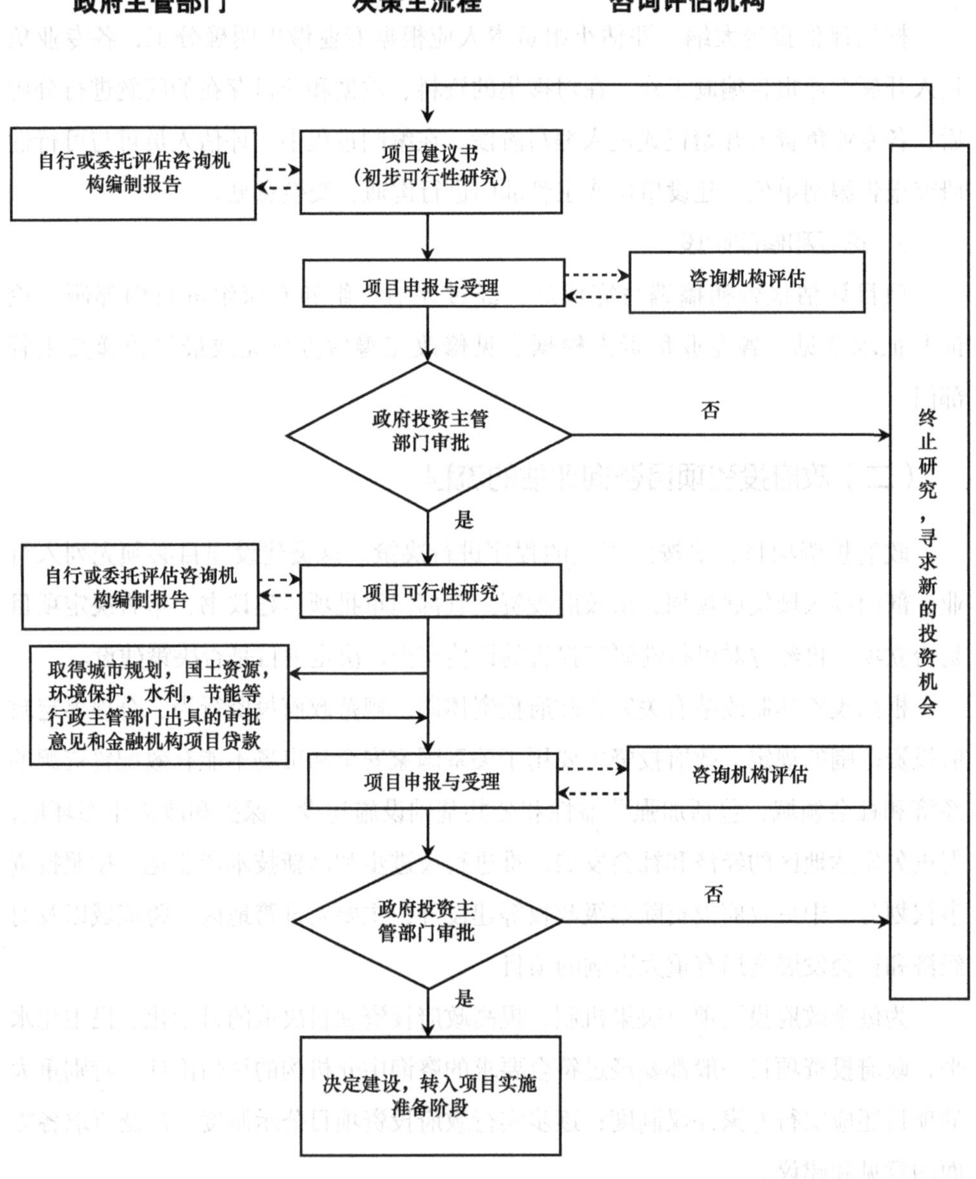

图 1-1　政府投资项目评估审批流程

第三节 咨询评估的作用、主要内容及评估机构选择

一、项目咨询评估的作用

项目咨询评估是政府、金融机构或建设单位等投资主体进行项目投资决策的重要基础与依据，是促进投资决策科学化、民主化的有力措施，是提高投资项目经济社会效益的重要手段。项目咨询评估在投资管理中的重要地位，是由其本身的科学性所决定的。在项目管理全过程中，投资前期尤为重要，而投资决策是前期管理的关键所在，决策中评估又是核心。项目评估的作用可归纳为以下几个方面：

（一）减少或避免投资决策失误的关键

评估是最后的决策环节，通过调查掌握大量的数据和资料，并进行周密的科学分析，只有在此基础上的决策，才能减少或避免投资失误。此外，项目评估虽然以可行性研究报告为基础，但由于立足点不同，考虑问题的角度不一致，可以有效避免可行性研究存在的失误。

（二）取得贷款的依据

按我国现行规定，未经评估的项目，银行不能发放贷款，凡是需要贷款的项目，银行都要进行项目评估，通过评估，把握贷款总额、支用时间，并确认风险和贷款回收期。

（三）投资管理向两头延伸的需要

开展项目评估是投资管理的重要环节，随着经济体制改革的不断深入，投资银行对固定资产投资管理，将由过去侧重于项目实施阶段的监督，逐步向两头延伸：一头是向建设前期延伸，参与项目可行性研究和评估，参与投资决策；另一头是向生产领域延伸，参与贷款企业生产经营和财务管理，协助企业尽快掌握新

增生产能力，提高盈利水平，增强企业的偿还能力。这样，风险将大大降低。

（四）抓好重点建设项目的保证

重点项目是国民经济建设的中枢。抓好重点规划项目决策前的评估工作，是重点建设项目成功的关键，同时也是投资银行做好重点建设项目投资管理工作的必要前提。贷款银行主动参与重点建设项目的建设前期工作，对每个项目都要做好全面深入细致的评估分析，为重点建设项目的投资决策和经营管理提供科学可靠的资料数据，从而保证了重点建设项目能够实现较高的经济效益。

（五）统一宏观效益和微观效益的手段

在投资领域里，投资结构不合理是目前较为突出的问题。结构不合理是微观效益与宏观效益发生矛盾的根源。评估工作要求：既要评估企业财务的效益，又要评估国民经济效益，而且两者均要达到良好的程度，才是合乎要求的项目。如企业效益好，国民经济效益不好，则项目就不能通过，这样就把微观和宏观效益统一起来了。在实际工作中，微观和宏观的效益问题是相当复杂的。只有采用科学的方法才能克服主观判断上的失误，而评估恰好提供了较为科学的判断方法。

（六）项目实施科学管理的基础

进行项目评估，要收集拟建项目所在地有关自然、社会、经济的大量资料，也要从类似企业及科研设计部门索取建设和生产方面的技术经济资料，还要从主管部门和各级国家机关那里获得大量的技术经济方面的方针政策及规划发展方面的数据资料等，把这些原始资料和数据，加工整理，分析研究，可形成系统的档案、资料，这不仅为项目评估所需，而且也是项目实施管理的依据和基础。在项目实施过程中，管理人员把实际发生的情况和数据与评估所掌握的资料进行对比分析，及时发现设计施工、项目进度、资本金使用、物质供应等方面的问题，采取措施，纠正偏差，促进项目顺利完成。在项目投产后，管理人员还可以将评估时预测的情况和实际发生的情况进行对比分析，找出生产方面存在的问题和差距，以总结经验，改进工作，提高项目管理水平。

二、政府投资项目咨询评估的主要内容

（一）政府投资项目咨询评估的重点论证内容

评估咨询机构要依据国家关于投资体制改革的决定等政策法规和《政府投资条例》等有关政府投资管理的规范性文件，以及有关部门关于投资建设、咨询评估、项目管理的政策、法规、规定等开展项目咨询评估。主要评估内容有：

（1）是否符合政府投资管理的有关法律法规；

（2）是否符合国家有关规划、产业政策、行业准入标准；

（3）是否符合社会需求，目标定位是否合理；

（4）项目规模、建设内容及工程技术方案是否合理；

（5）投资构成、融资方案是否合理；

（6）项目建设及运营模式是否满足有关政策规定，能否确保项目顺利实施；

（7）项目法人的组织建设能力、运营能力与资源保障能力能否满足要求；

（8）资源开发利用是否合理有效；

（9）生态环境和自然文化遗产是否得到有效保护；

（10）土地利用、移民安置方案是否合理，对公众利证，特别是对项目建设地的公众利益是否产生重大不利影响；

（11）财务方案是否可行，政府资金能否得到合理利用，稀缺资源能否得到有效配置；

（12）能否产生理想的经济效果，适应区域经济发展的需要；

（13）社会效果如何；

（14）项目投资建设过程中可能遇到的各种风险能否得到有效控制。

（二）政府投资公共建筑的特征及分类

投资项目评估要对评估对象的特征及分类有详尽的了解。按照投资主体和资金来源划分，投资项目可分为政府投资项目和非政府投资项目。其中，政府投

资项目为了实现政府职能，适应和推动国民经济或区域经济的发展，从满足社会的政治、文化、国防和日常生活需要出发，由政府通过财政投资，发行国债或地方财政债券，利用行政事业性收入或外国政府赠款，或利用政府的信誉和财政担保，向在证券市场、资本市场融资的国内外金融组织贷款来建设的固定资产投资项目。能够由社会投资建设的项目，尽可能利用社会资金建设。

政府投资主要用于关系国家安全和市场不能有效配置资源的经济和社会领域。按照资金来源分，政府投资项目可以分为财政性资金项目（包括国债在内的所有纳入预算管理的资金项目）、财政担保银行贷款项目和国际援助项目。

按照投资领域进行分类，政府投资项目可分为公益性建筑建设类项目、公共基础设施建设类项目、保护和改善生态环境类项目，促进欠发达地区的经济和社会发展类项目，推进科技进步和高新技术产业化类项目。

1. **公益性公共建筑的基本特征**

在公益性公共建筑项目立项、可行性研究前期工作阶段，必须识别公益性公共建筑项目区别于工业项目和其他项目的基本特征，这对项目建设中、后期设计，实施，投产运行的顺利进行起着关键性作用。公益性公共建筑总体上具备如下几项基本特征：

（1）公益公共性

公益性公共建筑项目是国家“民生工程”的重要组成部分。公益性、公共性是项目的基本属性。它包含以下内容：①为维护社会公共利益，满足人们日益增长的对教育、医疗卫生、文化生活的需要；②为人们打造科学、文明、高效的工作、学习、生活和社会活动空间，为提高人们的政治思想素质、文化涵养、生活质量和健康水平提供物质条件，有利于促进精神文明建设和社会文明建设。公益性，是项目建设的基本出发点和落脚点。例如，医疗卫生系统项目建设的总体思路就应放到发展卫生事业的总体框架中认定。发展卫生事业的目的就是为人民群众的健康服务，医疗卫生资源配置的结构、布局，发展的模式、思路都要适应中国国情，从人民群众的需要出发，既要发展城市骨干医院，也要发展城市社区医疗卫生服务中心和农村乡镇医疗卫生服务体系。

公共性主要体现在它是社会群体、公众集中活动的公共空间，是为特定社会群体开放的公共“社区”，具有人群密集、人流车流量大、集散时间集中且要求顺畅的特点。

（2）服务性

公益性公共建筑项目是以直接为特定群体提供服务为其基本特征，具有服务属性。与工业项目的“市场需求”不同，公益性项目的“市场需求”就是“服务需求”，其含义可理解为对服务性质、服务对象、服务内容、服务容量、服务能力和水平的需求。服务需求预测是公益性公共建筑项目投资决策的核心问题。

“以人为本”，体现在公益性项目，就是以项目提供服务的人群为本，充分体现“人性化”和“个性化”。这类项目都有其特定的服务对象、服务使用功能和服务使用内容。“服务性”特征就是为其特定人群履行职责，打造科学、文明、高效的活动空间和环境。

（3）功能性

为实现项目总目标，每一类公益性项目都有其特定的基本功能和特殊功能定位，根据功能定位，科学测算项目的建筑规模和投资规模。因此，不论是政府投资或企业投资，功能定位都是项目建设的关键环节。

（4）社会可行性

目前，公益性公共建筑项目大都为政府直接投资的非经营性项目，其投资效益评价应注重社会效益和社会可行性评价。构建社会主义和谐社会更需强化公益性建设项目的社会效益评价，以判断项目的社会可行性。

本书将投资效益评价的重点放在社会效益的评价。社会效益评价的总体思路就是要以国民经济和社会可持续发展、构建社会主义和谐社会为出发点，评估项目的政策符合性、建设选址、内容及规模、方案设计、环境评价、社会风险、投资等几方面。

对于经济评价，凡与公益性公共建筑项目关系较少的内容，如比较适合于工业项目的国民经济评价等方面，本书从简或从略。而对于带有某些经营活动的项目（如企业投资的医院、博物馆、院校等），有关的经济、财务分析则拟根据项目类型的具体情况作必要的阐述。尤其对于某些政府投资的公益性项目，建成后日常运营费用高，入不敷出，造成运营经费缺口的，亦应做好经济效益分析和评价，并进行风险预测，提出对策。凡政府投资项目，由政府给予财政补贴；如为企业投资项目，都应有可靠的资金来源为依托。

2. 公益性公共建筑分类

公益性公共建筑项目范围较广，主要有以下几类（图 1-2）：

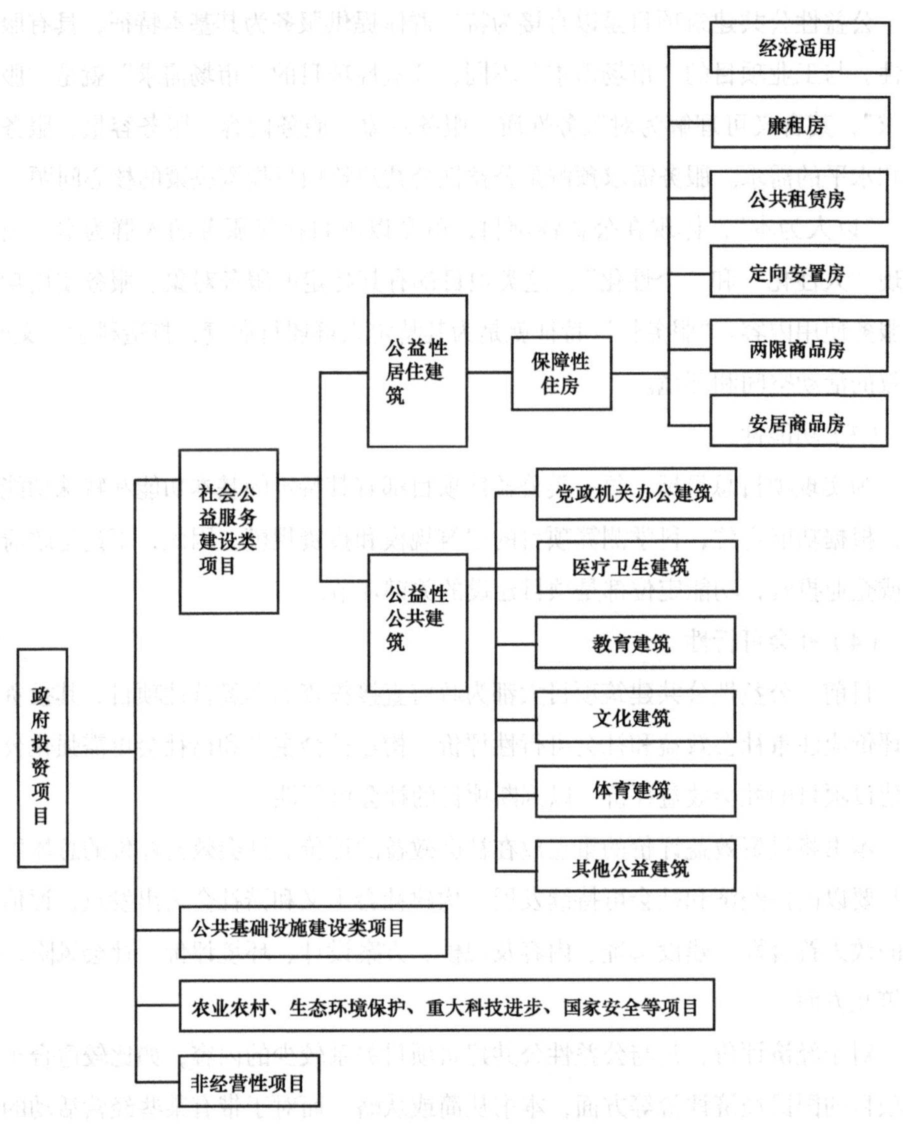

图 1-2　政府投资公益性公共建筑分类

（1）办公及科研建筑。包括各级政府、各部委行政机关办公楼、企业办公用房、各类科研楼等。

（2）医疗卫生建筑。包括综合医院、专科医院、急救中心、疗养院、康复中心等。

（3）教育建筑。包括高等院校、专科院校、职业学校、中小学校、托幼以及各类培训中心等。

（4）文化建筑。包括博物馆、美术馆、展览馆、图书馆、文化馆、科技馆、纪念馆等；还包括剧院、电影院、音乐厅等观演建筑及礼堂、会议中心等。

（5）体育建筑。包括综合性体育场馆、专业性体育场馆、运动员训练基地等。

（6）其他公益建筑。包括园林建筑、社会管理建筑等。

三、评估咨询机构的选择

在许多国家或地区，无论私人还是公共投资项目，都必须得到项目所在国家或地区政府批准后才能实施。政府通常要委托咨询机构对拟建项目是否符合政府的发展目标、开发规划，项目对本国或本地区经济、社会、环境等的影响进行评估。投资者在完成项目可行性研究后，为了分析其可靠性，进一步完善项目方案，往往也聘请咨询机构对可行性研究报告进行评估。项目评估也是对项目贷款的银行贷款决策的必经程序，评估结论是发放贷款的重要依据。

不同的委托主体，对评估的内容及侧重点的要求有所不同。总体上，政府部门委托的评估项目，一般侧重于项目的经济及社会影响评价，分析论证项目对于国家法律法规、政策、规划等的符合性，资源开发利用的合理性和有效性，是否影响国家安全、经济安全、生态安全和公众利益等；银行等金融机构委托的评估项目，主要侧重于融资主体的清偿能力评价；企业委托的评估项目，重点评价项目本身的盈利能力、资金的流动性和财务风险等。

随着各级政府大力推进简政放权、优化服务改革和国家投融资体制改革取得新的突破，投资项目审批范大幅度缩减，取消或简化前置性行政许可审批，将进一步简化企业投资项目核准或备案手续，优化办理流程，创新服务管理模式。投资管理的工作重心将逐步从事前中批转向过程服务和事中事后监管。为此，各类投资中介服务机构要坚持诚信原则，加强自我约束，增强服务意识和社会责任意识，塑造诚信高效、社会信赖的行业形象，健全行业规范和标准，提高服务质量，进一步发挥评估咨询机构在项目建设周期全过程中的重要作用。

（一）选择的原则

选择评估单位，应掌握有执业资格、有信誉、有实力三个基本条件。

1. **有执业资格**

承担项目评估的评估咨询单位，应当取得政府有关部门或权威机构的征信认可，评估咨询单位应具有具备相应咨询评估资质的注册咨询工程师，并具有相关工作经历，在其执业范围内承担任务并有咨询案例，有良好的业绩。

2. **有信誉**

承担项目评估的咨询单位，应能遵循“公正、科学、可靠”的宗旨和“敢言、多谋、慎断”的行为准则。实事求是，一切从实际情况出发，说实话、办实事。应能做到严谨廉洁、优质高效，既对国家负责，又对投资者负责。

3. **有实力**

承担项目评估的咨询单位应有自己的专家队伍，有一批能胜任评估任务的项目经理，善于综合优化多种咨询方案和意见，做出正确的判断和结论。应具有规范化制度化和现代化的管理和装备，并有组织高层次评估专家组的能力。

（二）选择的方式

根据咨询服务的特点，结合有关国际惯例和国内法规以及实践中的具体做法，咨询机构选择的方法主要有以下 6 种：

1. **公开招标**

公开招标是指招标人通过宣传媒体如报刊、因特网等发布招标公告来采购咨询服务的方式。这是世界银行、亚洲开发银行等国际组织采购咨询服务时广泛采用的咨询机构选择方式，能够选择最有实力的咨询机构承担咨询服务。

2. **邀请招标**

邀请招标是客户给选定的若干咨询公司发出邀请函，请他们就客户提出的咨询服务项目进行投标，从而选择咨询公司的方式。邀请招标除了不需要公开刊登招标公告外，其他均与公开招标的方法相同，主要适用于以下咨询服务招标。

（1）能够提供咨询服务的咨询公司有限；

（2）咨询服务要求时间紧。

3. 征求建议书

征求建议书是由招标人通过发布关于征求服务建议书通告的方式与少数咨询公司接洽，并对表示兴趣的咨询公司发出邀请建议书。当能够提供咨询服务的咨询公司有限，或审查和评估建议书所需时间和费用与服务价值不相称，或为确保机密或出于国家利益的考虑，招标人可直接向咨询公司发出征求建议书。

4. 两阶段招标

两阶段招标是将招标过程分为技术和商务投标两个阶段的招标，主要适用于以下咨询服务招标。

（1）不能确定咨询服务特点的采购；

（2）由于咨询服务的性质，招标人必须与咨询公司进行谈判；

（3）已采用招标程序，但没有人投标或招标人拒绝了全部投标，即使再进行新的招标程序也不太可能产生咨询服务合同。

两阶段招标的特点在于：在第一阶段给予了招标人相当大的灵活性，使其可通过谈判与咨询公司达成有关拟采购咨询服务的规范和规格；在第二阶段，招标人可充分利用招标程序的高度客观性和竞争性，选定合适的中标者。

5. 竞争性谈判

竞争性谈判，或称议标，是客户通过谈判选择咨询公司的方式。其适用条件与两阶段招标、征求建议书基本相同。也就是说，凡适用两阶段招标和征求建议书的招标均可通过竞争性谈判进行。但是，在以下几种情况下采用竞争性谈判更为适宜。

（1）急需得到某种咨询服务，采用公开或邀请招标方式因耗时太久而不可行；

（2）所涉及服务或风险的性质不允许事先做出总体定价；

（3）由于技术原因，或由于保护专属权的原因，咨询服务只能由特定的咨询公司提供；

（4）原合同的履行以需要提供某种补充服务（价值一般不超过主合同的50%）为前提，这种补充服务不可能从技术上或经济上与主合同分开，且为完成主合同所绝对必需，故补充合同给予提供主合同咨询服务的咨询公司。

6. 聘用专家

聘请专家提供咨询服务，主要是指招标人通过一定的程序聘请专家提供项目前期咨询服务、工程设计、监理、项目管理等方面的技术或专门服务。

公开招标和邀请招标方式主要适用于对于咨询服务可以拟定详细的条件，而且咨询服务的性质允许采用公开或邀请招标；征求建议书、两阶段招标和竞争性谈判方式主要适用于不能确切拟定或最后拟定咨询服务条件，或咨询服务条件复杂的评估项目；聘用专家方式主要适用于以专家知识，技能、经验作为主要考虑因素的咨询服务。

（三）承担政府委托咨询评估业务的要求

为进一步深化投资审批制度改革，完善委托咨询评估工作，加强投资决策的科学性和民主性，提高投资咨询评估的质量和效率，国家发展改革委制定了《国家发展改革委投资咨询评估管理办法》发改投资规［2018］1604号，该办法就有关内容和要求做出了明确规定。各级政府、投资主管部门，结合当地咨询评估实际，也分别制定了入选咨询评估机构的相应规定。

第二章

建设项目必要性评估

公共建筑是承载人们社会性活动或人们享受社会性服务行为的相关建筑。公共建筑项目主要是为社会生产和公共生活服务的，以创造社会效益为主的建设项目，是以提高社会科学文化水平和人民素质，促进国民经济和社会发展为目的，是社会第三产业中的重要组成部分。随着我国经济和社会快速发展，公共建筑日益增多，既促进了经济社会发展，又增强了为城市居民生产生活服务的功能。国家对公共建筑建设管理不断加强，逐步走上法制化轨道。

公共建筑工程项目建设必要性评估，是指项目评估者从宏观和微观两方面，就是否应当组织有关投资项目的建设提出建议和评价的工作。从宏观上，主要考察项目建设是否符合国民经济平衡发展的需要，是否符合相关发展规划，是否符合国家的相关政策，项目建设的理由是否全面，是否符合国民经济总量平衡和结构平衡发展的需要等；从微观上考察项目是否符合公众的需求，是否对项目建设的实际需求进行了调查和分析论证，是否考虑到了合理建设规模问题，是否能把科研成果转化为社会生产力，以及是否能取得较好的经济效益、社会效益和环境效益等。

第一节 规划、政策及法律法规符合性评估

项目规划、政策及法律法规符合性评估、必要性评估，就是从国民经济的整体角度出发，衡量是否符合国家相关政策以及地区规划与行业规划等。一般来说，对于大中型建设项目应侧重于从国民经济和社会发展的角度进行分析评估；对于中小型建设项目则侧重于从地区与行业发展的角度进行分析评估。具体评估内容如下：

一、发展规划符合性评估

发展规划是推进国家治理体系和治理能力现代化、加强和改善宏观调控的重要手段，是健全宏观调控体系的重要内容，也是政府履行经济调节、市场监管、社会管理和公共服务职责的重要依据。具有综合协调功能、信息导向功能、政策指导调节功能和引导资源配置功能。

发展规划一般具有的基本特征：战略性、综合性、指导性、约束性。

通过分析与拟建项目有关的国民经济和社会发展总体规划、区域规划和专项规划，以及城乡规划等各类规划的相关内容，评估拟建项目是否符合各类规划要求，提出拟建项目与有关规划内容的衔接性及目标的一致性等评估结论。

部分国民经济和社会发展总体规划、区域规划和专项规划如表 2-1 所示。

部分项目规划　　表 2-1

发展规划类型	规 划 名 称
总体规划	国民经济和社会发展规划
专项规划	教育事业发展规划
	体育发展规划
	科技发展规划
	卫生与健美规划
	体育产业发展规划
	卫生计生人才发展规划
	老年教育发展规划
	推进基本公共服务均等化规划
	医疗卫生服务体系规划
	科技创新规划
	深化医药卫生体制改革规划
	文化科技创新规划
	竞技体育规划
	文化遗产保护与公共文化服务科技创新规划

续表

发展规划类型	规 划 名 称
专项规划	教育脱贫攻坚规划
	……
区域规划	促进中部地区崛起规划
	京津冀协同发展规划
	中原城市群发展规划
	长三角区域发展规划
	长江经济带发展规划
	成渝经济区与发展规划
	珠江三角洲地区改革发展规划
	辽宁沿海经济带发展规划
	……

【例 2-1】某市中等职业学校宿舍楼建设项目

项目概况：某市中等职业学校是首批国家级重点职业学校，是近年来某省发展速度较快的中等职业学校之一，同时也是某省教育体制改革较为成功的职校，担负着为全省培养园艺、园林、农业、财经等专业技术人才以及其他社会培训任务。经过 30 多年的发展，学校从复校初期的 3 个专业，发展到如今的 17 个全日制中职专业、7 个高职专业，学生规模已从复校时的 200 多人发展到目前在册学生 2500 人。

与之形成鲜明对比的是，学校目前在校住宿仅有 3 座，总建筑面积约 9220 ㎡，生均宿舍面积 3.7 ㎡，远未达到《中等职业学校建设标准》（建标 192—2018）中平均 5.25 ㎡的要求，无法满足学生的就学需求。

宿舍楼面积严重不足已经严重影响了学校的长远发展，成为学校亟待解决的硬件设施短板。

评估分析：党的十九大报告指出，“完善职业教育和培训体系，深化产教融合，校企合作。”指明了我国要加快发展现代职业教育。

《国家中长期教育改革和发展规划纲要（2010 — 2020 年）》对职业教育进行了战略部署，指出“发展职业教育是推动经济发展、促进就业、改善民生、解决“三农”问题的重要途径，是缓解劳动力供求结构矛盾的关键环节，必须摆在更加突出的位置。”要求“到 2020 年，形成适应经济发展方式转变和产业结构调整要求、体现终身教育理念、中等和高等职业教育协调发展的现代职业教育体系，满足人民群众接受职业教育的需求，满足经济社会对高素质劳动者和技能型人才的需要。”

该省“十三五”规划，要求“整合职业教育资源，新建职业教育园区，推进职业教育全覆盖和免费进程。”以不断适应社会发展对中职教育提出的要求。

本项目建设符合国家相关规划，项目建成后，可以从基础能力上确保学校办学质量的提升，为学校进一步扩大办学规模创造条件，具有积极的社会意义，项目建设是必要的。

二、政策符合性评估

国家和省市出台的相关政策对投资项目建设具有指导作用，考察项目在宏观上是否具备建设的必要性，应当深入研究国家和省市同期的相关政策，并把项目建设与相关政策的要求进行对比分析，只有符合国家和省市的政策，项目建设才是有必要的。

例如，建设部等五部委 2007 年出台的《关于加强大型公共建筑工程建设管理的若干意见》，对进一步加强大型公共建筑建设管理提出六条意见，包括：贯彻落实科学发展观，进一步端正建设指导思想；完善并严格执行建设标准，提高项目投资决策水平；规范建筑设计方案评选，增强评审与决策透明度；强化大型公共建筑节能管理，促进建筑节能工作的全面展开。

（1）新建大型公共建筑要严格执行工程建设节能强制性标准。贯彻落实《国务院关于加强节能工作的决定》，把能耗标准作为建设大型公共建筑项目核准和备案的强制性门槛，遏制高耗能建筑的建设。新建大型公共建筑必须严格执行《公共建筑节能设计标准》（GB 50189—2015）和有关的建筑节能强制性标准，建设单位要按照相应的建筑节能标准委托工程项目的规划设计，项目建成后应经过建筑能效专项测评，凡是达不到工程建设节能强制性标准的，有关部门不得办理竣工验收备案手续。

（2）加强对既有大型公共建筑和政府办公建筑的节能管理。建设主管部门要建立并逐步完善既有大型公共建筑运行节能监管体系，研究制定公共建筑用能设备运行标准及采暖、空调、热水供应、照明能耗统计制度。要对政府办公建筑和大型公共建筑进行能效测评，并将测评结果予以公示，接受社会监督，对其中能耗高的要逐步实施节能改造。要研究制定公共建筑能耗定额和超定额加价制度。各地应结合实际，研究制定大型公共建筑单位能耗限额。

（3）推进建设实施方式改革，提高工程质量和投资效益

不断改进大型公共建筑建设实施方式。各级发展改革主管部门、财政主管部门和建设主管部门要积极改革政府投资工程的建设管理模式。对非经营性政府投资项目加快推行“代建制”，即通过招标等方式，选择专业化的项目管理单位负责建设实施，严格控制项目投资、质量和工期，竣工验收后移交给使用单位。同时，对大型公共建筑，也要积极推行工程总承包、项目管理等模式。建立和完善政府投资项目的风险管理机制。制定鼓励设计单位限额设计、代建单位控制造价的激励政策。

（4）加强监督检查，确保各项规定的落实

1）加强对大型公共建筑质量和安全的管理。参与大型公共建筑建设的有关单位要严格执行施工图审查、质量监督、安全监督、竣工验收等管理制度，严格执行工程建设强制性标准，确保施工过程中的安全，确保整个使用期内的可靠与安全，确保室内环境质量，确保防御自然灾害和应对突发事件的能力。

2）加强对大型公共建筑工程建设的监督检查。大型公共建筑项目建设期间，建设行政主管部门要会同其他有关部门定期对大型公共建筑工程建设情况进行检查，对于存在的违反管理制度和工程建设强制性标准等问题，要追究责任，依法处理。政府投资的大型公共建筑项目建成使用后，发展改革、财政、建设、监察、审计部门要按各自职责，对项目的规划设计、成本控制、资金使用、功能效果、工程质量、建设程序等进行检查和评价，总结经验教训，并根据检查和评价发现的问题，对相关责任单位和责任人做出处理。

3）加强对中小型公共建筑建设的管理。对于2万m^2以下的中小型公共建筑，

特别是社区中心、卫生所、小型图书馆等，各地要参照本意见精神，切实加强对其管理，以保障公共利益和公共安全。

2013 年 7 月 23 日国家发展改革委、住房城乡建设部发布《关于党政机关停止新建楼堂馆所和清理办公用房的通知》，提出要全面停止新建楼堂馆所，规范办公用房管理，对党政机关楼堂馆所，包括使用财政性资金建设的党政机关办公用房、培训中心，以及以“学院”“中心”等名义兴建的具有住宿、会议、餐饮等接待功能的设施或场所建设提出要求，具体如下：

1. 全面停止新建党政机关楼堂馆所

自本通知印发之日起，5 年内，各级党政机关一律不得以任何形式和理由新建楼堂馆所。

（1）停止新建、扩建楼堂馆所。严禁以任何理由新建楼堂馆所，严禁以危房改造等名义改扩建楼堂馆所，严禁以建技术业务用房名义搭车新建楼堂馆所，严禁改变技术业务用房的用途。

（2）停止迁建、购置楼堂馆所。严禁以城市改造、城市规划等理由在他处重新建设楼堂馆所，严禁以任何理由购置楼堂馆所。

（3）严禁以“学院”“中心”等名义建设楼堂馆所。严禁接受任何形式的赞助建设和捐赠建设，严禁借企业名义搞任何形式的合作建设、集资建设或专项建设。

（4）已批准但尚未开工建设的楼堂馆所项目，一律停建。

2. 严格控制办公用房维修改造项目

办公用房因使用时间较长、设施设备老化、功能不全、存在安全隐患，不能满足办公要求的，可进行维修改造。维修改造项目要以消除安全隐患、恢复和完善使用功能为重点，严格履行审批程序，严格执行维修改造标准，严禁豪华装修。

中央直属机关办公用房维修改造项目，由中直管理局审批。国务院各部门办公用房维修改造项目，由国管局审批。地方各级党政机关办公用房维修改造项目的审批程序，由各省、自治区、直辖市规定。各地区要根据本地区实际制定党政机关办公用房维修改造标准和工程消耗量定额。

各级党政机关要严格按照 2007 年印发的《中共中央办公厅、国务院办公厅关于进一步严格控制党政机关办公楼等楼堂馆所建设问题的通知》要求，加强预算和资金使用管理。党政机关办公用房维修改造项目所需投资，统一纳入预算安排财政资金解决，未经审批的项目，不得安排预算。

各级党政机关不得以任何理由安排财政资金用于包括培训中心在内的各类具有住宿、会议、餐饮等接待功能的设施或场所的维修改造。

3. 全面清理党政机关和领导干部办公用房

各级党政机关要对占有、使用的办公用房进行全面清理，根据不同情况分别做出如下处理：

（1）超过《党政机关办公用房建设标准》（2014年）规定的面积标准占有、使用办公用房的，应予以腾退。

（2）未经批准改变办公用房使用功能的，原则上应恢复原使用功能。

（3）已经出租、出借的办公用房到期应予以收回，租赁合同未到期的，租金收入严格按照收支两条线规定管理，到期后不得续租。未经批准租用办公用房的，应予以清理并腾退，严禁以租用过渡性用房的名义变相购建、使用办公用房。

（4）除在立项批复中明确事业单位和行政机关办公用房一并建设外，所属其他企事业单位一律不得占用行政机关办公用房，已占用的，原则上应予以清理并腾退。

（5）部门和单位在机构变动中转为企业的，所占用的办公用房应予以腾退，确实难以腾退的，经批准可租用原办公用房或按规定程序转为企业国有资本金。

（6）各级党政机关领导干部应当严格按照《党政机关办公用房建设标准》的规定配置办公用房。办公用房面积超标准配置的，应予以清理并腾退；领导干部在不同部门同时任职的，应在主要工作部门安排一处办公用房，其他任职部门不再安排办公用房；领导干部工作调动的，由调入部门安排办公用房，原单位的办公用房不再保留；领导干部在人大或政协任职，人大或政协已安排办公用房的，原单位的办公用房不再保留，人大或政协没有安排办公用房的，由原单位根据本人承担工作的实际情况，安排适当的办公用房；领导干部在协会等单位任职的，由协会等单位根据工作需要安排办公用房，原单位的办公用房不再保留；领导干部已办理离退休手续的，原单位的办公用房应及时腾退。

4. 严格规范党政机关办公用房管理

各地区要按照有关规定，建立健全办公用房集中统一管理制度，实行统一调配、统一权属登记。要严格按照《党政机关办公用房建设标准》和各部门各单位“三定”规定，从严核定办公用房面积。新建、调整办公用房的部门和单位，要按照“建新交旧”“调新交旧”原则，在搬入新建或新调整办公用房的同时，及时将原办公用房腾退移交机关事务主管部门。因机构增设、职能调整确需增加办公用房的，应在本部门本单位现有办公用房中解决；本部门本单位现有办公用房不能满足需要的，由机关事务主管部门整合办公用房资源调剂解决；无法调剂、确需租用办公用房的，要严格履行审批手续。各级党政机关要制定本部门本单位办公用房使用管理制度，严格办公用房使用管理。

各级机关事务主管部门要做好办公用房物业管理工作，制定和完善物业服务内容、服务标准和收费标准等制度，并结合机关后勤服务社会化改革，逐步推进办公用房物业服务社会化。

5. 切实加强领导，强化监督检查

停止新建党政机关楼堂馆所和清理办公用房，是加强党风廉政建设的重要内容，是密切党群干群关系、维护党和政府形象的客观要求，各级党政机关要高度重视，领导干部要率先垂范。各地区各部门各单位要结合实际，抓紧制定相关制度标准和实施办法，切实加强领导，严格落实责任制，确保本通知精神落到实处。

投资主管部门要进一步完善审批程序，建立健全审批责任制和内部监督机制，对违规审批等行为要严肃处理。财政部门要严格公共财政预算管理，对未按规定履行审批手续的党政机关楼堂馆所建设和维修改造项目一律不得下达财政预算。各部门各单位年终应把楼堂馆所建设和维修改造项目的实施情况作为政务公开的重要内容，主动接受社会监督。国土资源管理部门要严格土地供应管理，对未按规定履行审批手续的党政机关楼堂馆所建设和维修改造项目一律不得供地。住房城乡建设部门要加强对党政机关楼堂馆所建设和维修改造项目的监管，并制定相应的标准和工程消耗量定额。机关事务主管部门要完善党政机关办公用房管理制度，定期组织督促检查，并通报检查情况，督促落实办公用房清理工作。审计部门要加强对党政机关楼堂馆所建设和维修改造项目的审计监督。纪检监察机关要坚决纠正和查处党政机关楼堂馆所建设和维修改造项目及办公用房管理使用中的各种违规违纪行为，对有令不行、有禁不止的，依照有关规定严肃追究直接责任人和有关领导人员的责任。

【案例 2-2】某省党史馆建设项目

项目概况：某省作为革命老区，拥有丰富的党史资料和革命文物，这些宝贵的史料是记录和留存党的历史的基本载体；是研究和总结党的历史必不可少的重要素材；是党员干部和人民群众感知党的历史、了解党的历史、学习党的历史的鲜活教材；也是开展党史宣传教育工作的重要介质。自省党史机构成立以来，经过广泛征集和重点抢救，已征集到各类文字、报刊、图书等资料 20 余万件（份、册），各种图片、音像等实物资料 8 万多件。在此基础上，党史部门整理、研究、编纂和出版各类党史图书 3200 多部（册），约 3.1 亿多字。目前，党史资料的征集和抢救仍在进行而且还在不断深化和扩大，但目前该省尚无一处完整保管党史资料的场地，难以妥善保管数量众多而且还不断增加的各类党史资料。建设党史馆，已成为妥善保管党史资料急需解决的一个重大的现实问题。

评估分析：为贯彻落实党的十七大和十七届四中全会精神，加强和改进新形势下党史工作，进一步发挥党史工作对推进党的建设新的伟大工程和中国特色社会主义伟大事业的重要作用，党中央于 2010 年 6 月制定颁发了《中共中央关于加强和改进新形势下党史工作的意见》（中发〔2010〕10 号文件）。该《意见》是党的历史上由党中央发布的关于党史工作的第一份重要文件，其中明确指出："加强党史资料保护利用工作。精心保管、精心整理、妥善开发利用各种党史资料。抓紧改善党史资料保管、利用、展示条件，适时建设集征集、保管、展示、利用为一体的中国共产党历史资料馆。提高党史资料工作电子化、网络化水平，创办特色鲜明的党史信息服务平台。"随后 2010 年 7 月，党中央又组织召开了党的历史上第一次全国党史工作会议，对贯彻落实中央关于党史工作的《意见》进行了动员和部署。

某省委为贯彻落实《中共中央关于加强和改进新形势下党史工作的意见》精神，做好新形势下全省党史工作，于 2011 年制定颁发了《中共某省委关于加强和改进新形势下党史工作的实施意见》，对建设某省党史馆提出明确要求。《实施意见》指出："抓紧改善党史资料保管、利用、展示条件，适时建设征集、保管、展示、利用为一体的某省中国共产党历史资料馆。"。同年 12 月，省委又组织召开了省党史工作会议，对贯彻落实中央关于党史工作的《意见》和省委的《实施意见》及全国党史工作会议精神进行了动员和部署。

综上分析：本项目建设符合国家和某省的相关政策，项目建成后，有利于向全国乃至世界集中展示某省的地方特点，有利于在全国及世界宣传和提升某省形象，有利于打造特色历史文化和红色旅游新品牌，也有利丰富人民群众的文化生活，项目建设是必要的。

三、法律法规符合性评估

规制包括国家、政府部门颁布的法律、法规和部门规章，以及合同等，规制是政府行政主管部门干预项目、审批项目的重要依据，项目建设要符合相关的法律法规，是项目建设的基础，规制常见如下形式：

（1）法律、法规。如《行政许可法》《中华人民共和国城乡规划法》《中华人民共和国土地管理法》等。例如，按照国家规定需要有关部门批准或者核准的建设项目，以划拨方式提供国有土地使用权的，建设单位在报送有关部门批准或者核准前，应当向城乡规划主管部门申请核发选址意见书。

（2）政策。例如 2016 年 7 月国务院颁布的关于深化投融资体制改革的意见，规定精简投资项目准入阶段的相关手续，只保留选址意见、用地（用海）预审以及重特大项目的环评审批作为前置条件。

（3）规划。例如区域、行业或城镇发展规划。例如房地产项目与城市发展规划的土地利用目的不符，建设行政主管部门就可以干预或处理。

（4）项目批复文件。政府对投资项目的各类批复文件是实施项目的重要依据，如企业投资项目核准申请报告、项目用地指标批复报告、环境影响评价批复报告、项目建议书批复报告、可行性研究报告批复报告等。

（5）合同。合同有法律效力。建设项目设计可行性研究委托合同、设计合同、施工合同、建立合同、材料设备采购合同。这些合同明确双方的责任和义务，核准过程中一些项目必须以合同为准。

第二节 区域经济布局和结构优化评估

一、是否符合国民经济总量平衡和结构平衡发展的需要

国民经济总量的平衡是指社会总需求量和总供给量的基本平衡。社会总需求由投资需求和消费需求两部分构成，社会总供给量由投资品供给和消费品供给组成，项目建设投资直接构成投资需求。在消费供求平衡条件下，如果投资需求规模过大，将使社会总需求大于总供给，引起财政和信贷收支不平衡，引发通货膨胀和经济波动；如果投资需求规模过小，将导致社会总需求小于总供给，使经济出现萧条和衰退。所以，应根据国民经济总量平衡的需要决定项目的停缓建、压缩或者扩大规模。

国民经济结构的平衡主要是指国民经济各部门之间的比例关系协调、产业结构合理。从一定意义上来讲，国民经济能否平衡发展主要取决于结构的平衡。在社会主义市场经济条件下，国家各级政府需要利用国民经济发展计划和各种经济杠杆，根据资源的可能性和社会的需求实现资源的合理配置，主动寻求实现国民经济结构优化的途径。投资作为一种特殊的经济活动，能够起到调节产业结构，促进国民经济平衡发展的积极作用。当国民经济出现不平衡时，及时地调整投资方向，给“瓶颈”产业以更多的投资，压缩“长线”产业的投资，从而可以积极影响国民经济产业结构，促使国民经济转入良性循环，趋于平衡发展。另一方面，由于经济形势、市场、技术、资源等条件不断发生变化，国民经济不可能停留在原有水平上，这就促使产业结构不断向高级化、现代化转变，而这种转变，也要科学地通过确定和调整国民经济结构才能实现。因此，对投资项目进行评估，应从宏观上进行分析、考察，以确定项目的建设是否具有这种功能，如果对实现国民经济平衡发展具有积极作用，则可以认为项目的建设是必要的；否则，则是不必要的。这一点对于大型投资项目尤为重要。

二、是否符合布局经济的要求，促使国民经济地区结构优化

根据生产力最佳配置的要求，在一国或一个地区范围内，选择最适宜的地理位置和最佳的组合形式安排投资建设，由此产生的经济效益就是所谓的布局经济。每个国家在一定时期内都有相应的布局构想，由于不同的产业之间具有一定的"联系效应"，因而就存在着布局经济的问题，科学的经济布局能够协调整个国民经济的发展。根据布局经济的要求，一个国家或地区的经济开发总是具有一定的先后顺序，按照"梯级开发"的规律，以发达地区的经济逐步带动落后或不发达地区经济的发展。一方面，合理的经济布局能够减少运输费用和生产成本，有效地利用各种资源，加快信息的传递，以同样的投资取得较好的经济效益。另一方面，合理的布局能够促进分工协作，加快经济发展，因为布局经济要求各地区按照自己的资源、技术和经济等方面的优势来发展经济，这样就会形成重点突出、各具特色的经济区域和生产组织，促进地区之间和地区内部的分工协作，从而达到加快地区经济和整个国民经济发展的目的。因此，对投资项目进行考察评估，必须考察项目是否符合布局经济的需要，将拟建项目放进国家或地区的经济布局中去，看其是否符合布局经济的要求。

除上述评估内容外，还可以分析考察项目是否符合经济结构优化的需要，包括地区结构等；考察项目建设是否符合国民经济长远发展规划、行业发展规划、地区发展规划的要求；考察项目产品在国民经济和社会发展中的地位与作用等，为项目建设的宏观必要性提供更为充分的依据。

第三节　相关技术标准评估

一、标准的符合性评估

（1）分析有关行业准入的法律、法规、规章和国家有关规定对拟建项目的要求，评估拟建项目和项目建设单位是否符合有关行业准入标准的规定。

（2）分析有关技术标准、产品标准对拟建项目的要求，评估拟建项目采用的工艺技术是否符合有关技术标准的规定。

（3）对于采用先进技术和科技创新的项目，分析拟建项目产品技术方案的技术创新水平、先进技术的采用情况、技术路线的先进性、技术装备国产化或本土化程度，评估是否符合增强自主创新能力、建设创新型国家的发展战略要求，是否符合国家科技发展规划要求。

二、是否促进技术进步

科学技术是第一生产力，科学技术对生产力的发展起着第一位的推动作用，科学技术进步已成为生产力发展的主导因素。科学技术以渗透的方式凝结于生产力的实体要素之中，使生产力发生了质的变化。科学技术作为精神生产力转化为物质生产力，增加社会财富，必须经过一定的途径才能实现，其中之一即通过投资把科研成果转化为社会需要的产品。无论是新建还是改扩建项目，都应尽可能地采用先进适用的新技术、新工艺和新设备，满足项目在技术上的先进性和适用性要求，并将新的科研成果尽快地运用于产品的设计与生产，使其转化为社会生产力，使项目能生产出社会所需要的高质量的新产品。对这类项目进行必要性评估时，首先要分析评估科研成果转化为社会生产力的必要性和可能性，然后考察拟建项目是否具备这方面的能力。如果能够通过拟建项目的建设尽快地把科研成果转化为生产力，则项目建设就是有必要的。

三、规模合理性评估

建设规模的大小直接影响到对项目建设条件的要求、建设方案的选择和生产产品的成本与效益水平。合理建设规模的确定是在产品市场需求与市场竞争能力允许的前提下，结合产品生产所需原材料、能源、资源及协作配套条件的可能性。规模评估是项目建设必要性评估的又一项重要内容，它是对可行性研究报告中提出的拟建项目的设计生产能力是否与产品的市场需求相适应，是否与资金、原材料、能源及外部协作配套条件相适应，是否与项目的合理经济规模相适应，以及是否符合本行业的变化趋势所作出的深入分析与评价。如果投资项目的建设既符合市场需求，也符合合理经济规模要求，那么该项目的建设就是必要的。

【案例 2-3】某省体育训练基地建设项目

项目概况：某省射击射箭训练场地建于 20 世纪 90 年代，由于现有场馆在建设时缺乏建设标准和工艺设计的系统配套，建设标准低、场馆规模较小、训练设施简陋、周边环境和配套服务设施也不健全，场馆的设施和规模都不符合举办专业赛事的场馆要求。例如，《体育场馆声学设计及测量规程》（JGJ/T 131—2012）里规定对于射击的场馆，要达到声音无叠加，无明显回声，为满足比赛要求射击区面墙、天花后墙都要做吸声构造，墙体采用空腔内填吸声材料、设备间的门窗采用隔声门和隔声窗等。但现有场馆都是砖墙、水泥地板、普通门窗，改造成专业比赛场地的难度和成本都较高。且专业射击比赛靶位数量一般不能低于 60 个，否则将无法完成比赛，而现有场馆靶位数 10 米靶只有 40 个，无法满足比赛要求。摔柔、跆拳、武术等运动项目目前临时借用某体育中心 A 馆的场地进行训练，参考中咨公司《关于政府投资公益性建设项目建设规模的测算与控制》的相关研究成果，训练基地的人均综合建筑面积约为 80 ～ 90m^2/ 人，而目前上述运动项目的综合建筑面积不到人均 40m^2。

另一方面，随着城市的发展和人口密度的增加，现有的射击馆距离居民区也较近，紧临已建成的某楼盘，存在一定的安全隐患。现有射击射箭场地根本无法满足大型赛事的比赛要求。因此，为了迎接某运动会，为运动员提供专业的训练设施和比赛场地以及树立某省的良好形象，某省体育局提出本项目建设。

评估分析：参考《体育训练基地建设用地指标》（建标 214—2011）、《体育训练基地通用配套用房建设标准》（建标 159—2011）两项建设标准，并经过与行业专家及训练单位多次探讨、协商，最终将本项目划分为三个分区，分别为射击射箭馆、综合训练馆、体育配套用房，具体建设内容及规模如下。

射击用房及附属用房，共计 12500m^2，包括。

① 10m 靶：参考《体育训练基地建设用地指标》（建标 214—2011），设 10m 靶位 80 个，建筑面积 3412.5m^2，其中射击区长 15m，宽 105m，建筑面积

1575m^2；靶场区长 17.5 m，宽 105m，建筑面积 1837.5m^2。

② 25m 靶：参考《体育训练基地建设用地指标》(建标 214—2011)，设 25m 靶 14 组 70 个靶位（5 个 / 组），射击区长 91m，宽 21.5m，建筑面积 1956.5m^2；靶场区设于室外，不计入建筑面积。

③ 50m 靶：参考《体育训练基地建设用地指标》(建标 214—2011)，设 50m 靶位 78 个，射击区长 135m，宽 22m，建筑面积 2970.0m^2；靶场区设于室外，不计入建筑面积。

④ 附属用房：配套建设卫生间、器材库、肌肋贴检查室、裁判员办公室、清洁间、枪械库、过道等附属用房 4635.0m^2。

⑤ 散打场地：在编散打运动员约 40 人，根据训练单位实际需求，武术训练散打每 10 人共用一块场地，需设训练场地约 4 块。

⑥ 根据《建筑设计资料集》，每块散打场地的面积为 8m × 8m，64m^2，共设散打场地 4 块，整个训练场地长 30.0m，宽 31.4m，建筑面积 942.0m^2（包括场地间隙），训练场地位于五层 ....

综上分析：参照国家和某省的相关设计规范，该项目建设的规模是合理的。

第四节　市场需求评估

公众（市场）的需求是公共建筑项目建设的基础，投资项目所生产的产品（或提供的服务）是否符合公众需要，从根本上决定了投资项目能否取得良好的经济效益和社会效益，也就决定了投资项目是否有必要建设。只有把资金投向适应市场需求的产品的生产项目，投资才具有必要性。评估项目的微观必要性，必须首先研究市场的需求情况，对项目产品市场的需求和竞争能力进行深入调查分析。通过综合分析项目产品的社会总需求与总供给是否适应，据以判断和评估项目市场需求的可靠性。只有项目产品（或提供的服务）适销对路，满足社会和公众（市场）需要，拟建项目的投资才是必要的。因此，公众（市场）需求的分析研究是进行项目建设微观必要性评估的起点。

【案例 2-4】某市边防检查站改造项目

项目概况：某市边防检查站位于某市机场附近，总用地面积为 7840.0m^2，建于九十年代，三层砌体结构，建筑面积 1490.0m^2，主要功能为宿舍，现状楼体外墙破损，楼顶渗水漏雨，宿舍单间面积小，且数量不足。为切实改善边检业务和官兵住宿条件，经上级部门批准，对基地内的生活服务楼进行改造，从而更好地服务某省经济社会发展需求。

评估分析：某市边防检查站主要担负某省对外开放口岸的出入境边防检查任务，依法对出入境旅客、员工、交通运输工具实施边防检查，履行维护国家主权，保卫国家安全，确保对外开放口岸安全畅通的职责。

1. 本项目是满足新时期某省经济和社会发展的需要

2014 年全年某市航空口岸出入境人数为 3.9 万人，到 2018 年出入境人员已达 37.74 万人次，出入境飞机达 2844 架次，分别增长了 17.2% 和 8.7%。目前，已有国内外 14 家航空公司开通近 20 条固定及临时的国际和地区航线，可直达韩国、泰国、印尼、港澳台等 12 个国家和地区，每周航班达 60 个，保持了良好的发展势头。同时，中部崛起的辐射效应吸引了越来越多的人到某省考察、投资，特别是某省成为国家资源型经济转型综合配套改革试验区后，良好的投资环境和发展空间吸引了众多国外大型企业前来投资，有效地带动了某省航空口岸的飞速发展。为了应对这种趋势，有必要不断完善边防检查的业务用房和生活配套等设施建设，以满足日益增长的出入境查验检验的繁重任务和新时期某省转型跨越、对外开放的发展战略对边防查验任务的需求，为某省外向型经济和转型跨越发展做出积极的贡献。

2. 本项目是更好地发挥口岸职能作用的必然要求

某市航空口岸为国家一类口岸，某市边防检查站担负着对该市航空口岸出入境人员及交通运输工具进行边防检查，打击各类口岸违法违规活动，维护国家主权安全的重要任务。

随着机场的扩建，某市机场设计旅客吞吐量达 800 万人次，出入境人员大幅增加，口岸设施设备建设相应提升，但口岸边检业务和宿舍等用房还维持在建设初期的规模，现有边防检查站已经不能满足目前边防部队人员日常生活工作使用，需要改造。

地方政府在大力支持社会经济建设的同时，应大力支持边基础设施建设。为改善某市边防业务和生活条件，提高边防工作效率，进一步做好边防保卫工作，充分发挥边防维护国防安全、边疆稳定、促进社会稳定的保障作用，尽快进行该市边防检查站营房改造项目是迫切并且必要的。

第三章

项目建设条件评估

项目建设条件是可行性研究报告中的基础内容，评估时要对项目的建设条件进行评估，只有条件均具备了，项目方能考虑实施，才能保证项目决策的成功，达到预期的目的。项目建设条件，既有项目自身系统的内部条件，也有与之协作配套的外部条件；不仅有可以控制的静态稳定条件，还有较难掌握的动态不确定性条件。对于项目评估，重点是对项目外部条件、动态不确定性条件的评估。本章项目建设条件评估包括对规划选址、土地供给、环境保护、基础设施等条件的评估。通过这些条件的评估，为政府作出投资决策提供一定的依据。

第一节　规划选址评估

规划选址是指项目建设之前对地址进行论证和决策的过程。项目选址是一项具有全局性、长远性和战略性的重要工作，也是一项政策性和科学性很强的综合性工作。项目选址的合理与否，不仅对项目设计、施工、投资有影响，而且对项目建成后的运营管理、长远发展、环境保护等方面具有重大的直接影响。选址是对土地利用时间和空间、布局和结构的合理调整，合理的选址可以实现土地有效、高效利用。对项目规划选址进行评估时，要从项目选址是否符合选址的基本原则、是否符合相关规划的要求、选址地环境是否符合建设要求、选址地是否远离各种污染源和规划选址的合法合规性等方面进行评估。

一、选址是否符合选址的基本原则

规划选址的原则包括科学性原则、经济性原则、全面性原则和功能性原则。科学性原则是指项目规划选址既要符合国家和地区的长远发展规划与生产力的合理布局、国家生产建设方针政策，也要与行业发展规划和所在区域的总体发展规划要求相适应。经济性原则是指要遵循节省资源的原则，力求降低成本。随着经济发展和建设项目的增多，建设用地紧张的形势将越来越严重，选址时还要考虑节省占用土地，尽量少占或不占用耕地，充分利用山地、荒地和空地，并且科学有效地利用地形。用地时注意重要建筑物不得压矿。全面性原则是指项目规划选址时，应综合而全面地考虑生产、生活和施工的方便，正确处理三者之间的关系。功能性原则是指项目的选址要满足项目功能使用要求。要根据项目总体要求和批准的预留发展量，对场地所需最小面积进一步计算核实。在对项目进行评估时，判断项目选址是否遵循了这些原则，从而为政府决策提供较为可靠的评估意见。

二、选址是否符合相关规划的要求

首先，土地利用总体规划是政府投资公共建筑项目选址的重要遵循，所以选址要符合土地利用总体规划。其次，政府投资公共建筑的建设，应当以区域经济为依托，需充分考虑当地的产业结构、市场需求和区位因素。不考虑当地及周边城市市场的需求，就会带来很大的盲目性，因此，项目规划选址还要符合城市规划、社会经济发展和相关产业发展的要求。在对项目进行评估时，要判断规划选址是否符合土地利用总体规划，还要对城市规划、当地社会经济发展状况、相关产业布局情况进行分析，判断规划选址是否符合城市规划的要求。例如，展览建筑的选址应符合城市总体规划的要求，并应结合城市经济、文化及相关产业的要求进行合理布局；博物馆的选址应符合城市规划和文化设施布局的要求。

三、选址地环境是否符合建设要求

项目所在地的环境是项目建设的基础条件，在对项目进行评估时，要对项目所在地的自然环境和人文环境进行考察落实，判断是否符合项目建设的要求。气候条件要从气温、湿度、日照、风向、降水量和飓风风险等方面来分析。需要初步了解当地的地质构造、地层、岩层的成因及地质的年代。确定本场址是否属于不良地基（含软弱地基、湿陷性黄土地基、膨胀土地基、不均匀沉降地基等）。对不良地基调查分析的目的，在于对被选定的场址是否适合本项目建设作出判断和建议。分析选址地是否是地震区，是否有人为损毁现象，如土坑、地洞、枯井、古墓等。还要探明是否有矿藏、是否有已开采的矿洞，分析这种条件会产生的负影响。如：在博物馆建筑进行选址时，就需要评估基地的自然条件、街区环境、人文环境是否与博物馆的类型及其收藏、教育、研究的功能特征相适应，是否避开了易因自然或人为原因引起沉降、滑坡或洪涝的地段，是否避开了空气或土地已被或可能被严重污染的地段，是否避开了有吸引啮齿动物、昆虫或其他有害动物的场所和建筑附近。展览馆选址时，要求选择在地势平缓、场地干燥、工程地质及水文地质条件较好的地段。

四、选址地施工条件是否具备

建设项目能否按时开工是项目评估的重要内容。施工条件决定着项目的开工进度，为此将施工条件列为重要的评估范围。在对项目建设施工条件进行评估时，重点核实场地情况、建筑单位是否可以提供桩基施工时搭设的临时活动用房数量、项目征地相关手续是否已经办理、施工阶段用水用电是否能得到保证、工程施工图纸设计（土建、安装）是否完成、是否与有关单位或住户签订了拆迁协议等方面的情况。

五、选址地是否远离各种污染源

目前环境污染已成为一个十分突出的问题，除了水质、大气以外，还有噪声等都给环境带来了一定程度的污染。政府投资公共建筑是人流集中的场所，不容许发生爆炸或受到粉尘、大气污染、噪声等干扰。因此，选址时应远离各种污染源。在对项目进行评估时，就要评估选址是否在有害气体和烟尘影响的区域内，评估与噪声源及储存易燃易爆物场所的距离是否符合国家现行有关安全、卫生和环境保护等标准的规定。

六、选址的合法性和合规性

《中华人民共和国城乡规划法》第三十六条规定："按照国家规定需要有关部门批准或者核准的建设项目，以划拨方式提供国有土地使用权的，建设单位在报送有关部门批准或者核准前，应当向城乡规划主管部门申请核发选址意见书"。根据《地质灾害防治条例》第二十一条规定，在地质灾害易发区内进行工程建设应当在可行性研究阶段进行地质灾害危险性评估，并将评估结果作为可行性研究报告的组成部分。编制地质灾害易发区内的城市总体规划、乡村和集镇规划时，应当对规划区进行地质灾害危险性评估。

根据《中华人民共和国城乡规划法》《中华人民共和国土地法》《中华人民共和国矿产资源法》《地质灾害防治条例》等法律法规的规定，在对项目进行评估时，要审核项目选址是否取得了项目选址意见书，以及地质灾害危险性评估报告、不压覆重要矿产资源等相关文件，来评估项目的合法性和合规性。

【案例 3-1】某新建三级甲等医院项目规划选址评估

项目概况：某新建三级甲等医院项目位于某市规划建设园区内，《可研报告》中指出规划场地较为开阔，大部分区域平整，局部为沟壑地貌。地基土以人工填土、黄土状粉土、粉土、圆砾为主。本场地地下水类型为孔隙潜水，含水层为圆砾，稳定水位标高介于 810.06 ～ 810.87m 之间。项目已取得项目选址意见书及用地规划设计条件，用地不压覆重要矿产资源证明文件，地质灾害危险性评估报告备案文件。

评估分析：对该项目选址进行评估时，重点评估选址是否符合相关规划的要求，场地环境是否符合建设要求，施工条件是否具备，选址是否合法合规。

选址是否符合相关规划要求：本项目选址符合某市经济社会发展规划、产业规划布局等相关要求。

场地环境是否符合建设要求：规划场地地形地势平坦开阔，地基稳定，水文条件良好，适宜作为建设用地。

选址施工条件是否具备评估：场地情况有利于施工临时设施搭设，施工材料的堆放，场地布置和工作展开。

选址合规合法性：项目规划已取得某省住房城乡建设厅的建设项目选址意见书及某市规划勘测局市用地规划设计条件。取得由某省国土资源厅出具的用地不压覆重要矿产资源证明文件，在项目用地范围内目前没有国家及企业的重要矿产资源。取得由某省国土资源厅出具的地质灾害危险性评估报告备案文件。符合《中华人民共和国城乡规划法》《中华人民共和国土地法》《中华人民共和国矿产资源法》《地质灾害防治条例》等法律法规的要求。综上，该项目规划选址较为科学。

第二节　土地供给条件评估

土地是工程项目开展的必要条件，是否获得土地使用权是进行项目评估的重要部分。

一、项目的土地所有权分析

土地所有权分为国家所有权和农民集体所有权，任何单位和个人（乡镇企业和村民建设住宅使用本集体所有的土地除外）进行建设，需要使用土地的，必须依法申请使用国有土地。因此在对项目进行评估时，要分析项目用地的所有权，如果是集体所有的土地，必须评估是否将集体所有的土地征用转为国有土地。

土地所有权分类　　表 3-1

所有权分类	类型内容
国家所有土地	（1）城市市区的土地； （2）农村和城市郊区中已经依法没收、征收、征购为国有的土地； （3）国家依法征用的土地； （4）依法不属于集体所有的林地、草地、荒地、滩涂及其他土地； （5）农村集体经济组织全体成员转为城镇居民的，原属于其他成员集体所有的土地； （6）因国家组织移民、自然灾害等原因，农民成建制地集体迁移后不再使用的原属于迁移农民集体所有的土地

续表

所有权分类	类型内容
农民集体所有土地	（1）农村和城市郊区的土地，除由法律规定属于国家所有的以外，属于农民集体所有； （2）宅基地和自留地、自留山，属于农民集体所有

二、项目的土地性质分析

《中华人民共和国土地管理法》规定，国家实行土地用途管制制度，将土地分为农用地、建设用地和未利用地。其中农用地指直接用于农业生产的土地，包括耕地、林地、草地、农田水利用地、养殖水面等。建设用地指建筑物、构筑物的土地，包括城乡住宅和公共设施用地、工矿用地、交通水利设施用地、旅游用地、军事设施用地等。未利用地指农用地和建设用地以外的土地。

在对项目进行评估时，要明确项目地的土地性质。如果是建设用地，就要评估是否通过了有关部门的建设项目用地预审，是否办理了建设用地审批手续，是否进行了建设用地的报批程序。

三、项目是否占用农用地分析

根据《中华人民共和国土地管理法》规定，国家保护耕地，严格控制耕地转为非耕地。国家实行占用耕地补偿制度。非农业建设经批准占用耕地的，按照“占多少，垦多少”的原则，由占用耕地的单位负责开垦与所占用耕地的数量和质量相当的耕地；没有条件开垦或者开垦的耕地不符合要求的，应当按照省、自治区、直辖市的规定缴纳耕地开垦费，专款用于开垦新的耕地。国家实行基本农田保护制度。非农业建设必须节约使用土地，可以利用荒地的，不得占用耕地；可以利用劣地的，不得占用好地。

在对项目进行评估时，要评估是否符合《中华人民共和国土地管理法》中耕地保护的规定，具体来说，项目是否在基本农田保护区范围内；项目是否坚持了节约使用土地、利用荒地或劣地；项目占用耕地是否办理了非农业建设占用耕地的审批手续；批准占用耕地的，是否开垦了与所占耕地的数量和质量相当的耕地或是否缴纳了规定缴纳的开垦费。

四、项目土地的取得方式分析

建设单位使用国有土地，应当以出让等有偿使用方式取得。但是国家机关用地和军事用地、城市基础设施用地和公益事业用地；国家重点扶持的能源、交通、水利等基础设施用地和法律、行政法规规定的其他用地，经县级以上人民政府依法批准，可以以划拨方式取得。以划拨方式取得土地使用权的没有使用期限的限制，以划拨方式以外的其他方式取得土地使用权的根据用途规定了使用权的最高年限，并应当签订书面出让合同，并在合同中约定不高于国家规定上限的使用年限。所以，对项目进行评估时，要评估项目土地的取得方式是否合法合规；对于有偿使用方式取得的，核实是否取得了《建设用地批准书》，是否颁发了《国有土地使用证》；以划拨方式取得的，审核是否有市、县政府土地行政主管部门颁发的《国有建设用地划拨决定书》和《建设用地批准书》等相关文件。

土地使用权种类　　表 3-2

使用权	适用条件
土地所有权划拨制度	经县级以上政府批准。在土地使用者缴纳补偿、安置等费用后将该幅土地交付其使用，或者将土地使用权无偿交付给土地使用者使用，且没有使用期限的限制。例如，①国家机关用地和军事用地；②城市基础设施用地和公益事业用地；③国家重点扶持的能源、交通、水利等基础设施用地；④法律、行政法规规定的其他用地
国有土地使用权有偿出让、有期限使用制度	①国家将国有土地使用权在一定年限内出让给土地使用者，由国家土地使用者向国家支付土地使用权出让金的行为。 ②土地使用权出让（商业、旅游、娱乐和豪华住宅用地），可以采取拍卖、招标、挂牌或者双方协议的方式。 ③不能采取拍卖、招标方式的，可以采取双方协议的方式，采取双方协议方式出让土地使用权的出让金不得低于按国家规定所确定的最低价。 ④土地使用权出让的最高年限根据土地的不同用途，规定从领取“国有土地使用权证”之日起计算起 40 ～ 70 年多种情形，详见有关规定

【案例 3-2】某新建三级甲等医院项目土地供给条件评估

项目概况：某新建三级甲等医院建设项目位于某市规划建设的园区内，《可行性研究报告》中指出该地块用地性质为医疗卫生用地，用地面积为 $215119.13m^2$（约合 332.68 亩），项目建设单位已向相关部门提出关于申请划拨建设用地的请示，项目已取得了土地预审意见。

评估分析：对项目土地供给条件评估时，着重评估它的土地所有权、土地性质、是否占用农用地和是否取得土地的使用权。

土地所有权评估：该项目土地的所有权为国家所有。

土地性质评估：该项目土地性质为建设用地，已取得了某市资源局的土地预审意见，土地预审意见中原则同意某新建三级甲等医院项目通过预审。

是否占用农用地：该项目用地性质是建设用地，尚未占用农用地。

是否取得土地的使用权：项目建设单位已经向相关部门提出了关于申请划拨建设用地的请示，并得到了相关领导批示。

综上，该建设项目的土地供给条件部分具备，目前还尚未取得《国有建设用地划拨决定书》和《建设用地批准书》等相关文件，因此建设单位要按程序和规划继续办理用地手续。

第三节　环境保护条件评估

项目建设一般会引起项目所在地自然环境、社会环境和生态环境的变化。环境保护条件评估主要是核实项目建设是否编制了环境影响评价文件，是否取得了环保相关部门关于环境保护方面的审核和批准。

一、核实是否有环境影响评价文件

《中华人民共和国环境影响评价法》中规定环境评价文件有三种形式，即环境影响报告书、环境影响报告表和环境影响登记表。《建设项目环境保护管理条例》第二章第六条具体规定：“(一)建设项目对环境可能造成重大影响的，应当编制环境影响报告书，对建设项目产生的污染和对环境的影响进行全面、详细的评价；(二)建设项目对环境可能造成轻度影响的，应当编制环境影响报告表，对建设项目产生的污染和对环境的影响进行分析或者专项评价；(三)建设项目对环境影响很小，不需要进行环境影响评价的，应当填报环境影响登记表”。在对项目环境保护条件进行评估时，要核实在项目可行性研究阶段，是否编制了环境影响报告书或环境影响登记表。

二、核实项目环境影响评价文件审批情况

《中华人民共和国环境影响评价法》和《建筑项目环境影响评价文件分级审批规定》中规定了环境影响评价文件需要进行分级申报审批。《中华人民共和国环境影响评价法》规定：“建设项目的影响评价文件，由建设单位按照国务院的规定报有审批权的环境保护行政主管部门审批；建设项目有行业主管部门的，其环境影响报告书或者环境影响登记表应当经行业主管部门预审后，报有审批权的环境保护行政主管部门审批。审批部门要做出审批决定并书面通知建设单位”。因此，在对项目环境条件进行评估时，要重点评估核实建设项目是否取得了相关部门的审批文件。

环境影响评价文件分级审批规定　　表 3-3

环境影响评价文件审批部门	审批项目类别
国务院环境保护行政主管部门负责审批	(一)核设施、绝密工程等特殊性质的建设项目； (二)跨省、自治区、直辖市行政区域的建设项目； (三)由国务院审批或核准的建设项目，由国务院授权有关部门审批或核准的建设项目，由国务院有关部门备案的对环境可能造成重大影响的特殊性质的建设项目
由省、自治区、直辖市人民政府规定审批权限	国务院环境保护行政主管部门负责审批规定以外的建设项目
发生争议的，当事主管部门共同的上一级环境保护行政主管部门审批	可能造成跨行政区域的不良环境影响，有关环境保护行政主管部门对该项目的环境影响评价结论有争议的建设项目

第四节　基础设施条件评估

基础设施是保证国家或地区社会经济活动正常进行的公共服务系统，它是社会赖以生存发展的基本物质条件。基础设施是项目建设重要条件，在对项目建设条件进行评估时，必须要把基础设施条件考虑进去。基础设施条件评估是对供水、供电、供气、供热、通信、交通等条件是否满足项目需求进行的评估。

一、供水条件评估

对供水条件进行评估时，要重点分析项目水源、用水量和水质要求。对于给水水源，要落实给水水源是否可靠。当项目为市政或小区供水时，应该对其供水能力、发展规划及管网配置等情况进行摸底，判断是否满足项目的需要。用水量的评估，应包括生活用水、空调用水、道路绿化用水等。对于供水设施，除了分析项目本身对水源、水质、用水量等要求，还应注意分析项目所在地的现有供水设施的情况，如供水能力、设备完好情况、供水可靠性、水质等，此外，还要分析项目是否有水的循环设施，污水的净化设施等。

二、供电条件评估

项目评估时，首先应弄清项目所在地的现有发电站、区域变电站及输电线路等主要设施的设备能力、装机容量、电压等级等资料数据，摸清电力余量及可能扩建的情况。

三、热力供应评估

项目评估时，首先应弄清项目所在地的现有集中供热站、热电站等主要设施的设备能力、供热负荷等资料数据。搞清热力富余量及可能扩建的情况。对热力供应条件分析时，要确定总需求量，并对其供应方式（集中供应还是分散供应，或是从外单位购进）、供应数量、供应条件等做出评价。

四、通信条件评估

了解区域通信网络等现状和发展规划，提出对拟建项目有关弱电系统的接口问题，例如，电话、网络、有线电视等。

五、道路交通条件评估

交通通达性是政府投资公共建筑建设需要考虑的重要因素。例如，展览建筑建设时，要求在交通设施上，最好有城市轨道交通和方便快捷的市政网络。对于特大型、大型展览建筑，通常带来大量的人员、货物集散，对城市的交通结构和市民生活有着至关重要的影响，为此，一般建设在城郊接合部或城市中心区的边缘。在对展览建筑进行评估时就要考虑交通是否便捷，是否与航空港、港口、火车站、汽车站等交通设施联系方便，特大型展览建筑是否设在了城市中心，其附近是否有配套的轨道交通设施。又如，综合医院的人流、车流、物流多，宜临近两条城市道路。体育比赛场馆人流、车流量大，要求有一面或两面临近城市道路，确保快速安全疏散。因此在评估综合医院和体育比赛场馆项目时，要评估是否临近城市道路。

【案例 3-3】某省体育馆建设项目基础设施评估

项目概况：某省体育馆建设项目总建筑面积 75800.00m²，比赛期间面临车流、人流量集中的问题。《可研报告》中提出建设项目水源取自某市市政供水管网，电由该区域内开闭所引入，电源为双路电源，热源来自该区域热交换站。该项目外围紧邻三条城市主干道。

评估分析：对项目基础条件评估时，重点从供水、供电、热力供应、通信、道路交通等基础设施条件来评估。

供水条件评估：该建设项目的水源取自某市市政供水管网，市政水压为 0.25MPa，项目用水量大概为 12.76 万 m^3/a。评估认为该市政供水能力及管网配置满足项目的需求。但是可研报告中未提供水质情况及项目对水质的要求，建议加以补充完善。

供电条件评估：该建设项目电源引入该区域内已有 10kV 开闭所，开闭所电源为双路电源。经核实，目前开闭所已满负荷运行，应该向供电部门提出增容申请。

热力供应条件评估：该建设项目区域内热交换站，可满足本项目的需求。

交通条件评估：体育比赛场馆人流、车流量大，要求有一面或两面临近城市道路，确保快速安全疏散。本建设项目属于体育比赛场馆，外围有三条主干道，符合其对交通条件的要求。

综上，该项目的基础设施条件可以基本满足项目的需要，建议项目单位进一步提供供水条件中该区域水质、项目对水质要求，以及通信条件方面的资料。

第五节　评估结论

项目建设条件评估结论要遵循实事求是，科学可靠的原则，从规划选址条件、土地供给条件、环境保护条件、基础设施条件等方面做出结论和建议。项目建设条件评估结论一般应包括下列内容：

（一）项目的选址是否科学合理，合法合规。包括是否符合规划、交通便捷性、环境的适宜性、施工的可行性、选址的合法合规性等方面做出总结并提出相关建议。

（二）从土地所有权及性质是否已明确，土地取得方式是否合法，土地供给条件是否具备等方面做出总结并提出针对性建议。

（三）从环境保护条件是否具备，是否符合了环境保护方面的相关规定等方面做出结论并提出相关建议。

（四）从基础设施条件是否具备，现有设施是否得到了充分利用做出结论并提出建议。

第四章

建设内容及规模评估

项目建设内容和规模是政府投资公共建筑项目前期咨询评估的重点，在项目立项阶段对建设规模和内容进行评估，可以优化建筑使用功能，从源头合理控制建设规模。政府投资公共建筑项目的门类较多、功能要求各不相同，其建设内容和规模不仅应满足符合各类建筑建设标准的基本要求，还应满足现实服务需求和发展预测，同时这两项指标也是确定项目投资决策的关键要素。把握好建设内容和规模的评估，有利于避免初步设计阶段作大的修改，也为降低预算超概算提供了有力保障。

第一节 评估依据

项目建设的内容及规模的测算应准确把握其实质内容，提高科学性、合理性、可靠性，做到依据充分、论证科学，使项目建设更好地从求大求全转为提高投资效益。政府投资公共建筑建设项目的评估，要符合国家颁布的相关规范及标准要求，项目建设规模并非越大越好，应结合实际效益，实现建筑规模与建设总体目标和功能定位的最佳组合。

一、区域经济社会发展规划、行业发展规划

政府投资公益性公共建筑项目建设，对于改善民生、发展社会事业、促进经济发展、提升城市功能起到重要作用。因此该类项目评估过程中应结合相关部门的批复文件或经过批复的前期工作成果、重要会议纪要以及工作大事记等重要背景资料，符合政府贯彻党的路线方针、国家法律法规、区域社会经济发展规划、行业地区发展规划等经济社会发展规划和行业发展规划。对于某些政府投资公共建筑除基本功能以外的特殊需要，通常会有明确批示，这些批示文件对确定项目

建设总体目标、功能定位和建设规模控制有很大作用。例如，办公用房的办公人员编制和机构设置，医院日门（急）诊人次和病床位数，培训中心学员规模、培训对象、培训目标和培训周期，博物馆文物藏量和展陈量、展示要求等，以及对建筑规模的控制和项目总投资的控制额度要求等。

项目建设规模应根据主管部门的发展规划，结合现实需求，以往年实际发展的统计数据为基础进行预测、核实，还应结合发展规划做好前瞻性预测，为规模的发展可能性在建筑平面布局和总体规划中留有适度空间。

二、国家现行建设标准及政策规定

对于国家和行业主管部门有颁布的技术规范、规定和标准的项目，在评估过程中应认真按照规定要求对建设内容、规模进行核查。目前，政府投资建设项目中，比较全面的、可作为测算建设规模依据的建设标准主要有：

《人民检察院办案用房和专业技术用房建设标准》（建标［2010］140号）

《人民法院法庭建设标准》（建标［2010］143号）

《看守所建设标准》（建标［2013］126号）

《武警内卫执勤部队营房建筑面积标准（试行）》（［2003］武后字第39号）

《党政机关办公用房建设标准》（发改投资［2014］2674号）

《综合医院建设标准》（建标［2008］164号）

《中医医院建设标准》（建标［2008］97号）

《儿童福利院建设标准》（建标［2010］195号）

《老年养护院建设标准》（建标［2010］194号）

《科学技术馆建设标准》（建标［2007］166号）

《普通高等学校建筑面积指标》（建标［2018］32号）

《城市普通中小学校校舍建设标准》（建标［2002］102号）

《农村普通中小学校建设标准》（建标［2008］159号）

大部分公共建筑已有建设标准，对于因编制年代较久，与客观实际有明显出入的公共建筑标准，宜结合实际情况作适度调整，调整幅度应有充分理由、论证科学，必要时需要作多种方案分析比较。对目前国家尚无规范、标准、规定的相关内容，评估过程中应实地调查其功能使用要求，借鉴同类型建设项目的实践经验，对建设内容和规模进行评估、核实。

三、当地城市规划主管部门的规划条件

政府投资公共建筑在可行性研究阶段，应对当地城市规划主管部门提出的该场地的规划项目性质、总用地面积、容积率、建筑密度、绿地率、建筑间距、建筑高度、总建筑面积等规划条件做出具体研究。因此，在评估项目建设内容和规模过程中，应重点按照当地城市规划主管部门的各项规划条件，确保项目符合城市规划用地和城市结构布局原则。

第二节 评估原则

规模评估的目的在于最大限度提高投资效益（含经济效益、社会效益和环境效益），在满足国家法律法规、政策、规划和建设项目总体目标、功能定位和建设规模要求的前提下，着力降低建设总投资和运营成本费用。建设规模的测算应准确把握其实质内容，提高科学性、合理性，只有在依据充分、论证科学的前提下，才能合理引导项目建设，有效遏制项目建设“贪大”“求洋”的问题，提高投资效益。

一、落实科学发展观，坚持以人为本

科学发展需要科学决策。公益性建设项目科学决策的重点是坚持以人为本，实现又快、又好建设，实现人和社会的和谐发展。坚持以人为本的核心是项目的总体目标定位和基本功能定位。具体来说，对项目建设基本功能定位是测算和控制建筑规模的关键因素，也是测算和控制建筑规模的基本依据。

二、实现建设总目标，功能定位协调

功能定位决定建筑规模。建筑规模与建设总体目标和基本功能定位的最佳组合以及各功能模块建筑面积之间的合理协调，是充分发挥投资效益的有效保障。最佳组合是指为达到建设总体目标和功能定位而设定的各功能模块所需建筑面积与之达到高度契合；合理协调是指所设定各功能模块的建筑面积都能统一到合适地服务于总体目标定位和基本功能定位，满足其客观需求，避免出现此高彼低、互不协调匹配，给实际使用带来弊端。

三、整合新旧建筑，提升利用效率

凡改扩建项目兼有新建和原有建筑的，应充分利用存量。对原有建筑，尤对一些在使用寿命期内的建筑，应考虑其在新项目中可被利用的功能，并加以充分利用。合理整合新建与原有建筑，以有效控制新建建筑规模，节约投资。改扩建项目应充分调查现场原有建筑，列出属危房必须拆除的建筑以及可利用建筑的清单。拟拆除建筑应具有有资质单位出具的危房鉴定书，一些原有建筑虽建设年代已久而尚未被鉴定为危房，但其平、剖面，柱网均不适合新建项目功能所需，或这类原有建筑的总图区位妨碍新的总体规划，不拆除则导致总体规划极不合理等，在这种情况下，应充分论证，比较利弊，科学决策是否进行拆除。

四、优化投资效益，实现社会效能

建设规模的变动会引起投资的变动。合理的建设规模可节约投资，提高竞争力，在满足社会功能的条件下获得较高的经济效益。对于政府投资的公共建筑项目来说，一般都不以盈利为主要目的。因此，规模的综合效益问题是此类项目建设方案总体研究时需要考虑的重要问题，一方面政府投资项目主要追求的是社会效益，即在节约空间的前提下尽量满足社会的使用需求；另一方面还要注意对实现该项目建设总体目标所需各功能模块的设定、所需建筑面积的测算以及各功能模块建筑面积之间的相互协调和匹配，从而最大限度地提高社会效益和生态环境效益。

五、绿色开放共享，可持续发展

必须牢固树立创新、协调、绿色、开放、共享的发展理念，贯彻落实节约资源和保护环境的基本国策。要求建设项目不能超越当地或区域范围内的资源和环境承载能力，像对待生命一样对待生态环境，把可持续发展作为评估的一项重要内容。

第三节 评估要点

一、规划设计条件评估

为使评估过程清晰、合理、准确，应先核实项目的先决条件，包括已取得的各类批复、文件。政府投资建设的公共建筑，一般是由政府主管部门根据经济社会发展宏观规划、行业、地区发展规划，经有关专家论证确定后下达项目单位进行建设，也可由项目单位提出，经政府主管部门批准后进行建设。因此大部分情况下，政府主管部门对项目特殊功能的配置已有明确批示或决定；对项目单位的任务职能机构设置、人员编制已有明确批示；对项目的发展前景已有总体规划、科学分析和基本结论；对项目的场址已进行初选，当地政府城乡规划部门对该场址的红线范围、建筑规模、建筑密度、容积率、建筑高度、绿地率等已提出控制系数。评估过程中应对上述政策、文件、批复进行详细核实。

【案例 4-1】某医学院图文教学楼建设项目

项目概况：该项拟建一栋 10 层塔楼，及 5 层裙房，总建筑面积 39350m^2，总投资 15015.7 万元。《可研报告》提出以现有在校生人数 10600 人计算，根据《普通高等学校建筑面积指标》（建标［2018］32号）标准要求，结合学校实际情况，项目建设规模确定为10600×2.75＝29150m²。根据项目所在地省教育厅批复，该医学院全日制在校生规模在“十三五”末达到12000人。

评估分析：目前我国对高等教育的需求日益增加，学校建设应统筹考虑学生对教学基础设施的长远需求，以教育厅批复的“十三五”时期全日制在校生规模12000人为核算依据，合理确定项目建设规模，应不小于12000×2.75＝33000m²，考虑学校发展预留，建设规模建议为36000m²。

二、建设内容评估

项目的建设内容与其功能息息相关，因此对内容合理性分析的首要问题是明确政府投资公共建筑的功能定位。在评估过程中，需要对各类性质政府投资公共建筑建设项目的服务使用要求作深入的了解，剖析其基本功能需求，列出基本功能模块；同时根据政府主管部门批准的特殊功能需求及其容量，列出特殊功能模块。

项目基本模块定位是否符合相关建设标准规定是规模和内容分析的首要任务。凡是政府主管部门已颁布建设标准的，大都已明确了基本功能业务范围。例如，党政机关办公用房，在《党政机关办公用房建设标准》中规定为办公室用房、公共服务用房、设备用房和附属用房四项基本功能；普通高等院校，在《普通高等学校建筑规划面积指标》中规定每所学校必须配备的有教室、实验室、图书馆、室内体育用房、校行政办公用房、院系及教师办公用房、师生活动用房、会堂、学生宿舍（公寓）、食堂、教工单身宿舍（公寓）、后勤及附属用房共12项；综合医院，在《综合医院建设标准》中规定有7项基本功能，即急诊部、门诊部、住院部、医技系统保障系统、行政管理、生活用房等；科技馆，在《科学技术馆建设标准》中主要由展览教育用房、公众服务用房、业务研究用房、管理保障用房等组成；体育训练基地通用配套用房，在《体育训练基地通用配套用房建设标准》中由通用体能训练用房、科研与教学用房、医疗与康复用房、餐厅、运动员公寓、管理用房和其他配套用房7类构成。上述建设标准还规定了基本功能用房所需建筑面积或使用面积的综合面积指标。对于目前尚无明确规定的，则需剖析服务功能使用需求，列出基本功能业务范围。

特殊功能模块是指根据建设项目服务业务特性要求，必须设置的特殊业务功能。对于特殊功能定位，一般由政府主管部门在批件中明确设置的服务功能和服务量。其中，有的项目在建设标准中对此有规定，如综合医院项目、普通高等院校项目等，且有建设标准指标可以遵循。对于没有建设标准的，评估应核查可研报告对设置该项特殊业务功能的必要性、服务量等是否有依据，必要时应深入现场调查核实。以党政机关办公用房为例，有些要求设置新闻发布厅、展厅、特殊档案库、编辑出版系统、机要印刷设施、指挥中心、视频会议室、多功能会议厅等，还有需要设招待所的。这些特殊功能的设置及其服务量的确定，在《党政机关办公用房建设标准》中规定“需要单独审批和核定标准”。

每一个基本模块或特殊功能模块都由若干功能用房组成。例如，党政机关办公用房基本功能模块中的“办公室用房”，包括正、副部长、司局长、处长、处以下各类干部的办公室，有些情况还包括部级顾问办公室等功能用房。在特殊功能模块中，以某中央级报社办公用房为例，设置了摄影及暗室、编辑、版面会审、照排中心、网站、版面传输、发射中心、资料检索阅览、报刊发行、广告策划制作等特殊业务功能办公用房。在开列功能用房时应注意，一是特殊功能用房面积是否已包含在综合面积指标内，以免重复；二是这些用房应单独列出功能和规模，以便单独审批和核定。

【案例 4-2】某部委级办公楼原址改扩建项目

项目概况：《可研报告》提出编办批准的机构设置为 15 个司局；人员编制为 600 人，其中部长 1 人，副部长 6 人，司局长 15 人，副司局长 30 人，处及处以下干部 548 人。建设内容除办公用房、办公辅助用房、公用设施用房、附属用房四类基本功能用房外，拟设置特殊用房如下：特殊档案库，存量月 10 万册；陈列馆，陈列品约 500 件。原有建筑初步估计有约 7000m^2，建筑面积经改造后可利用，但结构柱网不完全适用。

评估分析：根据《党政机关办公用房建设标准》(发改投资［2014］2674 号)的相关规定，党政机关办公用房由基本办公用房（办公室、服务用房、设备用房)、附属用房两部分组成。

根据建设标准规定，部委机关为一级办公楼；人员编制大于400人时，四项基本功能的综合建筑面积指标应取下限，即26m^2/人。

四项基本功能用房建筑面积：600人×26m^2/人=15600m^2。

食堂面积：按人员编制的80%，约500人同时用餐考虑500人×2.5m^2/人=1250m^2。

车库面积：按地上建筑面积每平方米65辆机动车考虑，车辆数约为100辆，按每辆36m^{2}计算，需36m^2×100＝3600m^2。

人防面积：按地上建筑面积的3%考虑，15600m^2×3%＝468m^2。

变电站、热交换站面积暂按200m^{2}考虑。

特殊档案库面积：根据《档案馆建筑设计规范》，库房使用面积为10万册÷480册/m^2≈210m^2，另需管理技术用房使用面积约为120m^2，小计330m^2，折合建筑面积约为450m^2。

陈列馆面积：假定平均每件陈列品需要面积为2m^2，陈列馆需使用面积1000m^2，管理技术用房面积约200m^2，小计1200m^2，折合建筑面积约1700m^2。

原有建筑可利用7000m^2，考虑其使用效率降低，暂按80%计入，为5600m^2。

则应新建的建筑面积为各类用房面积减去可利用原有建筑面积，约为18150m^2，即该项目建筑规模为25150m^2，其中新建18150m^2，改建7000m^2，实际综合建筑面积指标为42m^2/人。

因此，新建面积在核算面积指标之内。但应对特殊用房设置进行另行核定和审批，并对不完全适用柱网进行进一步分析研究，看是否可以满足使用要求。

三、建设规模评估

（1）根据建设标准核实规模。

目前，对于政府投资公共建筑建设项目，已有比较全面的可作为测算建筑规模依据的建设标准。如《党政机关办公用房建设标准》（发改投资［2014］2674号）、《综合医院建设标准》（建标［2008］164号）、《普通高等学校建筑面积指标》(建标［2018］32号)等，涉及办公及科研建筑、医疗卫生建筑、教育建筑、文化建筑、体育建筑、园林建筑等多种类别。但其中有些规定制定于20世纪八九十年代，尚待修订。

评估项目建设规模时，应严格核实套用指标准确性，确认套用指标是否重复，是否超标，是否有特殊功能的设置。例如，《党政机关办公用房建设标准》规定，办公用房等级分为中央部委和省、地市、县三级；综合面积指标分使用面积、建筑面积两类，并有上限、下限；人员编制中有机关编制和事业编制，有不同级别，其指标也有所不同。对于参考类似项目或指标应作具体分析。

(2)调研和论证相结合核实规模。

尚有很多政府投资公共建筑项目，如博物馆、美术馆、图书馆、影剧院、体育比赛场馆、培训中心或训练中心等，虽已有建筑设计规范，但无具体建设标准。针对尚无建设标准的政府投资公共建筑，评估应审核其基本业务功能、特殊业务功能的设置及其服务量是否与总体目标相吻合，科学论证是否到位。服务功能定位及其服务量是测算项目建筑规模的主要依据，故应做到理由充分、结论明确。对于功能定位，尤其是特殊功能定位及其服务量，凡是没有明文规定的，在可研报告中，实际上大部分是由项目单位各取所需提出的。例如，有的项目提出设数百甚至上千平方米的展厅，有的项目设老干部健身房、活动室数百平方米、千平方米以上，或设一般干部的阳光室五六百平方米等。这一类特殊的功能定位目前属于无控制指标的特殊业务功能用房面积，是较大幅度突破综合面积指标规定的主要因素之一。因此，对于此类项目应通过调查分析，总结实践经验、经科学论证确定，或借鉴同类项目相似功能用房的面积指标进行测算。在这种情况下，评估应坚持原则，坚持调研和论证相结合。又如，设备用房面积可按公用设施需用量、设备处理能力、需用设备数量的初步估算来确定。

(3)核实主要控制指标。

公共建筑项目评估，应逐步核实各类型建筑的建筑面积指标体系，包括三个主要控制指标：综合建筑面积指标、基本功能模块建筑面积的相对比值、建筑利用系数。

综合建筑面积指标。综合建筑面积指标是指为实现项目建设总体目标，在总建筑规模中所含各基本功能模块所需单位建筑面积的总和，不包括项目的特殊功能模块所需面积指标。因同一类型项目的不同特殊业务功能内涵及其所需面积差异较大，难以统一作出规定。例如，党政机关一级办公用房其综合建筑面积指标，办公用房、公共服务用房、设备用房、附属用房四项基本功能用房，合计为 26 ～ 30m²/ 人，或使用面积为 16 ～ 19m²/ 人，大于 400 人时取下限。又如综合医院的综合建筑面积指标，综合医院中急诊部、门诊部、住院部、医技科室、保障系统、行政管理和院内生活用房等七项设施的床均建筑面积指标，应符合下表的规定。

综合医院建筑面积指标（m²/ 床）　　表 4-1

建设规模（床）	200	300	400	500	600	700	800	900	1000
面积指标	80		83		86		88		90

综合建筑面积指标是通过对大量项目实际使用情况的调查统计分析得出的，是进行项目建设规模合理性评估和投资估算评价的重要依据。

各基本功能模块建筑面积的相对比值。指各基本功能模块的建筑面积分别占总建筑面积的比值。优化相对比值，利于完善使用功能，控制建筑规模，增大投资收益。国家颁布的建设标准，有的已对此有明确规定。例如，当普通高等院校的在校生为 500 名时，教室、图书馆、实验室建筑面积应约占总建筑面积的 45%，学生宿舍和食堂约占 34%，行政管理、福利用房约占 21%。又如，建设规模为 800 床的综合医院，住院部建筑面积约占总建筑面积的 36%，门诊、急诊约占 17%、医技部约占 25%，保障系统约占 9%，行政后勤约占 13%。在党政机关办公用房建设标准中，目前尚未此类规定。当各部分的比值与规定相比出入较大时，会出现功能模块建筑面积之间不协调，无法满足使用要求，建筑面积浪费等问题。因此在评估过程中分析比值是否合理、协调，是确定项目建设是否满足功能要求的重要途径。

建筑利用系数。建筑利用系数是指功能用房使用面积之和与总建筑面积之比。它能反映出门厅大堂、楼电梯厅、走道、结构墙体等所占辅助面积比例的合理性。平面布局、空间处理紧凑、合理，建筑利用系数就相对较高，说明在满足功能使用要求的前提下，辅助面积被控制到合理范围内。不同类型项目、不同功能用房、不同建筑层数的建筑利用系数是不同的，一般在60%～70%，有的可达75%或85%。少数类型建筑对此做了规定，有时根据经验控制该数值。

最后，针对各基本功能模块特殊功能模块核实各自的功能用房及其面积测算结果，进行综合分析，针对项目建设内容、规模的合理性提出意见。

【案例4-3】某高校新校区学生食堂二期建设项目

项目概况：《可研报告》提出本项目建设内容为学校食堂及配套设施。食堂内设有粗加工区、切配炒菜区、备餐区、就餐大厅等。该校现有在校生18000人，根据学校长远发展规划，在“十三五”末学校全日制在校生规模将达到23000人，食堂规划测算建筑面积约36000m^2，其与现有食堂建筑面积差额大约16000m^2。学校根据需要及实际条件，提出再建一座建筑面积为13000m^{2}的食堂，形式为地下一层地上三层的框架结构，其中地上建筑面积10000m^2，地下建筑面积3000m^2，地上建筑功能为食堂，地下建筑功能为后勤用房、库房和设备间。

评估分析：根据《普通高等学校建筑规划面积指标》（建标［2018］32号）的有关参数规定，学生人数为23000人建设规模的普通高校学生食堂，生均面积指标为1.2m^2/生，因此，学校应建食堂面积为1.2m^2/生×23000生×＝27600m^2。目前学校可正常使用的食堂新校区有15000m^2、老校区有5000m^2，因而学校还可建设7600m^{2}的食堂。因此，学校提出的建设13000m^{2}不符合《普通高等学校建筑规划面积指标》（建标［2018］32号）面积指标要求。

综合考虑学校新老校区未来的学生分布和目前食堂的负荷量，建议新校区学生食堂二期的建筑面积为10600m^2，比计算指标多余的约3000m^{2}可作为新校区扩大和老校区改造的预留食堂建设指标。

四、人防设施评估

根据人民防空法，城市新建民用建筑，需要按照国家有关规定修建战时可用于防空的地下室。因此，人防工程作为一些政府投资公共建筑建设内容的一部分，其规模合理性分析也是评估过程中重要的环节。目前，各省市根据国家的相关规定，结合本地区实际情况，都制定了具体的实施办法。如《山西省人民防空工程建设条例》就规定，在城市、县人民政府所在地的镇以及开发区、工业园区、教育园区和重要经济目标区新建民用建筑的，建设单位应当按照下列规定同步修建防空地下室：

（1）新建10层以上或者基础埋深3m以上的民用建筑，按照不少于地面首层建筑面积修建防护级别为6级以上的防空地下室；

（2）新建除第一项规定和居民住宅以外的其他民用建筑，地面总建筑面积在2000m^{2}以上的，按照地面建筑面积的2%～5%修建防护级别为6级以上的防空地下室；

（3）在开发区、工业园区、教育园区和重要经济目标区新建除第一项规定和居民住宅以外的民用建筑，按照一次性规划地面总建筑面积的2%～5%集中修建防护级别为6级以上的防空地下室。

由此可见，评估中一方面要注意项目的人防工程面积是否满足当地建设标准；另一方面还要看人防级别是否满足当地的设置要求。一要评估项目本身；二要评估人防主管部门审核批准的建设项目人防设计条件，才能满足相应指标和内容要求。

五、公共服务需求评估

政府投资公共建筑项目建设完成后是为服务对象提供针对性的服务内容，且需要具备相应的服务容量、服务能力、服务质量和水平等。具体的服务内容是根据政府主管部门批准的任务职责、机构设置和人员编制，结合业务工作需求、发展预测，论证后确定的。例如，党政机关办公用房的建设规模和内容取决于单位的任务职责、机构设置和人员编制；医院的建设规模和内容取决于医疗内容、床位数和日门诊、急诊量；省市级综合性博物馆的建设规模和内容取决于文物保藏量、展陈量、日或年均观众流量和高峰日观众流量；体育比赛场馆的建设规模和内容取决于场馆等级、比赛项目、观众席位数；国家队训练基地的建设规模和内容取决于同期训练陪练、教练、领队人数，训练项目、训练大纲和周期以及管理机构和人员编制；普通高等院校的建设规模和内容取决于学科设置、全日制在校生类别和数量、教职员工编制等。政府投资公共建筑规模在评估过程中，应紧密结合项目建设完成后的服务目标。建筑完成后的服务目标和建筑规模及功能定位的高度契合，以及各功能模块建筑面积之间的整体协调，是充分发挥投资效益的基本点。

在评估论证中，项目建设规模的测算与控制应以现实需求为主，因此，其服务需求预测是测算与控制政府投资公共建筑规模的关键因素和基本依据。对于政府投资公共建筑项目而言，其功能定位应满足为两类群体提供服务。一类是服务人员，是指执行公务的主体人群，公共建筑应为他们构建适宜、高效的工作生活环境和条件。另一类是被服务人员，是指根据项目服务性质所定的服务对象群体，如学员、观众、患者、来访者等，公共建筑应为他们提供适宜、便捷的使用场所。因此，公共建筑在建设内容和规模上应结合国情和当地实际经济水平同时满足两类群体的使用要求。

第四节　评估结论

结合多方因素对建设内容和规模进行完整评估后，应针对评估的数据和内容给出确切、客观地评估意见、结论。

评估意见和结论应包括以下内容：

（1）用来确定项目建设规模的容量数据是否有据可依，预留的发展容量是否符合上级主管部门及国家、行业发展规划、批复。

（2）项目建设内容是否符合国家相关法律、法规要求，及相应标准要求。

（3）建设规模指标是否符合相应标准要求，对于暂无相应标准的建设内容，应明确建设规模是否科学合理。

（4）项目建设内容和规模考虑是否具有前瞻性，考虑未来经济社会和行业发展的需求。

第五章

建设方案评估

建设方案评估是研究政府投资公共建筑项目评估的一项重要工作，是项目前期工作研究成果的重要组成部分，具有承前启后的作用。建设方案评估结论是判断项目是否可行、项目决策和初步设计的重要依据，是进行项目经济评价、环境评价和社会评价等方面可行性和合理性的基础，也是有效控制设计阶段建设规模和投资额度的前提和保证。

本章主要针对办公及科研建筑、医疗卫生建筑、教育建筑、文化建筑、体育建筑等政府投资公共建筑项目可行性研究阶段的建设方案进行咨询评估研究。本章建设方案评估主要包括规划与建筑、结构及各公用专业等方案评估。

第一节　规划与建筑方案评估

可行性研究阶段的总体规划方案是详细规划、建筑方案、结构方案及公用专业设计方案的技术基础，其强调全局性、整体性、协调性及科学性。评估应从多个方面综合分析论证，为项目决策提供科学依据。就建筑专业而言，建筑专业总体规划方案咨询评估应抓住四个环节，一是贯彻国家方针政策；二是符合技术规范规定；三是给使用者提供舒适安全的使用环境；四是推行绿色建筑，评估能否实现可持续发展。

一、总平面图规划评估

（一）评估依据

结合政府投资公共项目的特点，总平面图规划评估涉及以下相关现行标准和规范。

《民用建筑设计统一标准》GB 50352

《建筑设计防火规范》GB 50016

《公共建筑节能设计标准》GB 50189

《建筑抗震设计规范》GB 50011

《无障碍设计规范》GB 50763

《展览建筑设计规范》JGJ 218

《博物馆建筑设计规范》JGJ 66

《图书馆建筑设计规范》JGJ 38

《综合医院建筑设计规范》GB 51039

《中小学校设计规范》GB 50099

《办公建筑设计规范》JGJ 67

（二）评估要点

总平面规划布局是主要依据确定的项目建设内容及规模，根据场地、物流、环境、安全、美学对工程总体空间和设施进行合理规划布置。在进行总图设计工作时，由于总平面布置牵涉到的专业及内容比较广泛，因而要对影响总平面布置的不同因素进行把握。项目的总平面布局规划评估主要是从规划设计意图及布局是否科学合理等方面进行评估，主要包括依据、场地、总平面布置、交通组织、竖向布置、场地景观、无障碍设计评估。

1. 依据评估

（1）规划方案采用的设计标准、规范是否齐全、正确，版本是否有效，设计内容是否满足标准和规范要求。

（2）规划方案是否符合有关政府主管部门提出的各项技术控制指标，例如公共建筑总建筑面积、建筑控制高度、容积率、建筑密度、绿化率等技术指标是否在规划许可的范围内。

2. 场地评估

（1）评估场地区位是否明确；四邻有无重要建构筑物（如加油站、危险品仓库、架空高压线、重要市政设施—轨道交通线、道路、涉水箱涵、综合管廊等），因此评估过程中应对景观设计、文物保护以及市政工程、环境工程、交通工程、消防工程等内容有所熟悉，也要考虑项目的前瞻性及设计细节实现的可能性问题，进而提高建筑总图设计质量。

（2）有无洪水影响、古树名木和文物保护；无不良地形地貌（比如说地形因素、地质水文因素等）。

3. 总平面布置评估

（1）总平面布置是否符合相关规范和规划、消防、人防、环保等职能部门要求。例如，用地红线、道路红线、机动车车位数、自行车车位数、主要出入口、防护距离、防火间距、建筑密度、日照间距是否符合相关的要求。

例如，新建医院应合理进行功能分区，洁污、医患、人车等流线组织清晰，并应避免院内感染风险；病房建筑的前后间距应满足日照和卫生间距要求，且不宜小于12m。新建公共图书馆的建筑密度不宜大于40%。新建博物馆建筑的建筑密度不应超过40%，主入口广场宜设置供观众避雨遮阴的设施。

（2）公共建筑项目的总体布局是否留有必要的发展余地，医院和博物馆一般均应考虑适度留有一定的发展场地。若预留项目总体均为发展用地，宜考虑近期、远期发展可能，留在临近场址，以便分期征用，避免过早、过多占用土地。对于改扩建工程，还应考虑是否充分利用原有建筑和设施，是否充分考虑新增和原有室外管线的拆改、衔接方案。

（3）绿地布置是否符合相关规定要求。如医院应对绿化、景观、建筑内外空间、环境和室内外标识导向系统等做综合性设计。图书馆基地内的绿地率应满足当地规划部门的要求，并不宜小于30%。

（4）无障碍设计是否合理、可行。如医院无障碍通道上有高差时，应设置轮椅坡道，室外通道上的雨水箅子的孔洞宽度不应大于15mm，院区室外的休息座椅旁，应留有轮椅停留空间，主要出入口应为无障碍出入口，宜设置为平坡出入口。

4. 竖向设计评估

（1）要明确场地竖向布置的形式，这一过程中需要对土方工程量进行计算，同时还要对场地平土标高进行确定。另外，还要明确道路的标高以及相应的坡度值等要素。地面形式和道路坡度应符合规范要求。

（2）地面排水应符合规范要求。

（3）用地防护工程的设置应符合规范要求。

（4）地面高程应符合防洪标准要求。

（5）用地外围有较大汇水汇入时，有无截洪泄洪措施。

5. 交通组织评估

（1）交通流线组织、出入口和停车场设置是否符合规范要求。例如，新建医院出入口不应少于2处，人员出入口不应兼作尸体或废弃物出口。新建公共图书馆交通组织应做到人、书、车分流，道路布置应便于读者、工作人员进出及安全疏散，便于图书运送和装卸。新建博物馆出入口的数量应根据建筑规模和使用需要确定，且观众出入口应与藏品、展品进出口分开设置，特大型馆、大型馆建筑的观众主入口到城市道路出入口的距离不宜小于20m。

（2）道路宽度、坡度、扑救场地、回车场是否符合规范要求。

6. 场地景观评估

（1）绿化方式及覆土层厚度应满足有关要求。

（2）室外场地的照明方式应符合有关要求。

（3）公共绿地无障碍设计应满足规范要求。

（4）绿化技术经济指标计算应符合相关规定要求。

如体育建筑的环境设计应根据当地有关绿化指标和规定进行，并综合布置绿化、花坛、喷泉、坐凳、雕塑和小品建筑等各种景观内容。绿化与建筑物、构筑物、道路和管线之间的距离，应符合有关规定。医院建筑应充分利用地形、防护间距和其他空地布置绿化景观，并应有供患者康复活动的专用绿地。

（三）案例分析

【案例5-1】某高校新校区图书馆建设项目

项目概况：该高校新建图书馆位于北方城市，新建图书馆与主校区由市政道路分割开，图书馆坐北朝南，总建筑面积31638.0m^2，新建图书馆所在新校区地块儿仅有外国语学院、计算机科学与技术学院、实践教学楼、文法学院四个学院，新旧校区规划如图5-1所示。

新老校区总平面设计 MASTER PLAN　　总平面图 M

图 5-1　新老校区总平面图

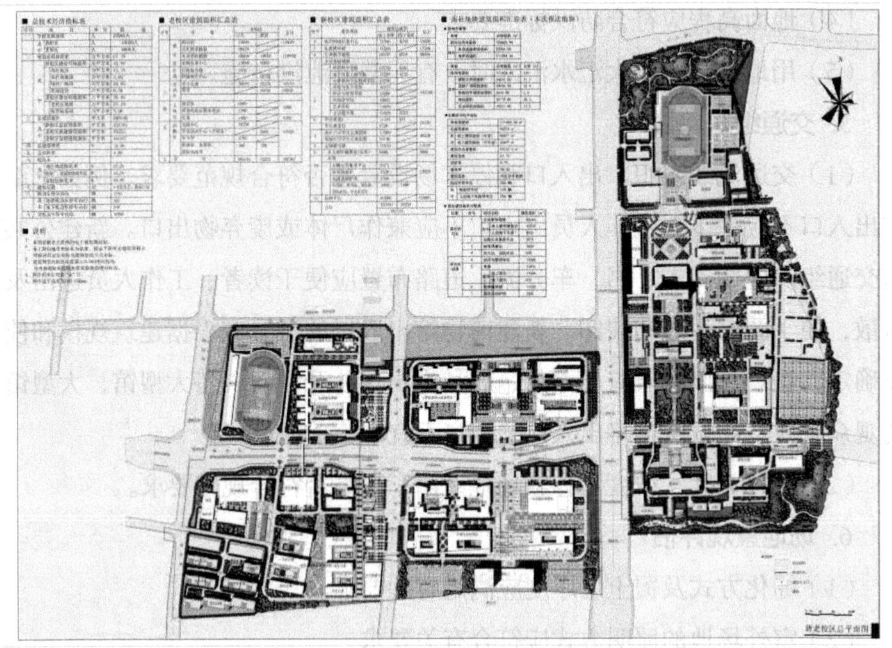

评估分析：根据评估调研，该高校新校区地块被规划建设分为四块，且规划部门给出了规划设计条件。《可研报告》将图书馆放置在东北地块中心位置，其左右分别是外国语学院、计算机科学与技术学院、实践教学楼、文法学院。评估分析，四座教学楼围绕图书馆建设，方便各学院学生查阅资料，布局较为合理。但由于市政道路阻隔，对其他学院使用图书馆有不利影响，因此，评估组建议对建设选址提出比选方案，具体意见如下。

根据当地政府有关文件规定，该市规划局规划城市路网时，要在保障城市大的路网骨架情况下，合理规划城市道路，尽量避免城市道路穿越新校区，为该大学提供一个完整、安全、宁静的教学、科研和生活区域。但目前的规划方案中，新校区被城市道路分隔，对校园布局影响较大。评估分析，《可研报告》应进一步与当地规划部门沟通，看有无调整区域路网的可能性，如果路网不能调整，应进一步优化总图布局，增加交通条件的论述，对校园内外交通组织做出周密考虑，特别应重视安全性分析。

【案例 5-2】某省大型博物馆建设项目

项目概况：项目总用地面积 38700m^2，总建筑面积 21250m^2，地下一层、地上四层，共设两个出入口，由于场地限制其主入口到城市道路出入口的距离小于 20m，主入口广场也尚未设置供观众避雨遮阴的设施。

评估分析：根据博物馆建筑设计规范要求，特大型馆、大型馆建筑的观众主入口到城市道路出入口的距离不宜小于 20m，主入口广场宜设置供观众避雨遮阴的设施。因为在观众出入口广场聚集的人群一般包括候展、候票和观展后停留的观众，还可能包括在突发事件时向广场疏散的观众，特大型馆、大型馆入口广场停留观众较多，高峰日时候展时间较长，因此集散空地的面积至少应能满足突发事件时观众疏散的需要；为减少广场观众活动与城市交通的相互干扰，并为观众提供良好的候展环境，建筑主入口与城市道路观众出入口应有适当距离，广场宜设置避雨遮阴设施。该大型博物馆与城市道路出入口的距离不足 20m，也未考虑观众避雨遮阴的设施，不满足规范和使用要求，建议调整出入口位置和出入口方案，达到规范和使用要求，为观众创造安全良好的使用条件。

【案例 5-3】某北方城市新建展览中心建设项目

项目概况：项目规划总用地面积为 4200m^2，总建筑面积约 5634.22m^2，建筑基底面积为 1550m^2，其中地上建筑面积 3462.20m^2，地下建筑面积 2172.02m^2，建筑密度 36.9%，绿化率 36.50%，展览中心为地下一层，地上三层。功能包括灾害体验展厅、各种体验互动区及室外展厅、多功能厅、研究室、储藏室、控制室等内部用房，如图 5-2 所示。

评估分析：该展览中心的规划方案设计不够严谨合理，其建筑密度不符合展览建筑设计规范要求，未配置集散用地。根据展览建筑设计规范中场地设计要求：展览建筑的建筑密度不宜大于 35%，展览建筑应按照不小于 0.2m^2/ 人配置集散用地。因此建议该项目应进一步根据展览建筑设计规范合理调整规划方案，达到设计规范要求。

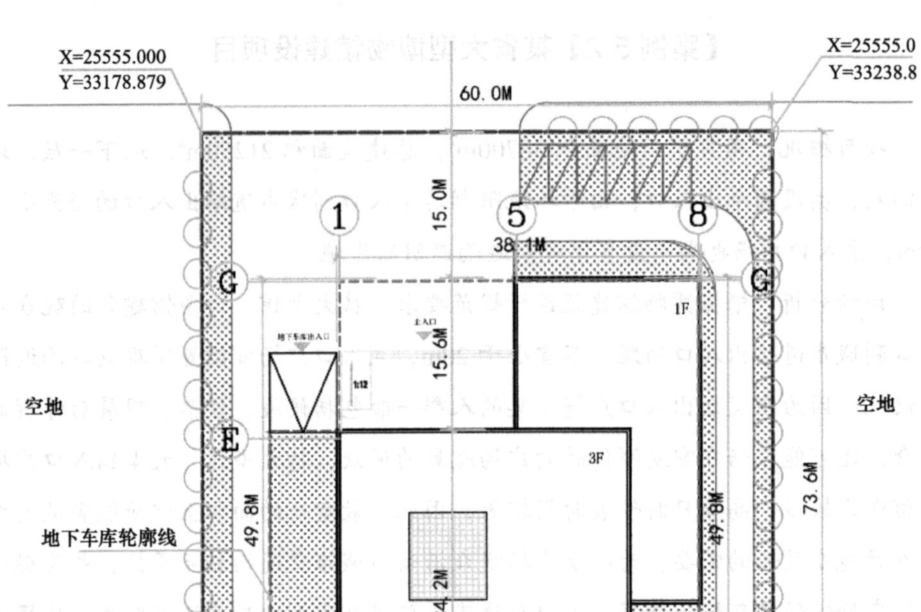

图 5-2　展览馆总平面图

二、建筑方案评估

（一）评估依据

结合公共建筑项目的特点，建筑方案评估涉及以下相关现行标准和规范。

《民用建筑设计统一标准》GB 50352

《建筑设计防火规范》GB 50016

《建筑内部装修设计防火规范》GB 50222

《公共建筑节能设计标准》GB 50189

《屋面工程技术规范》GB 50345

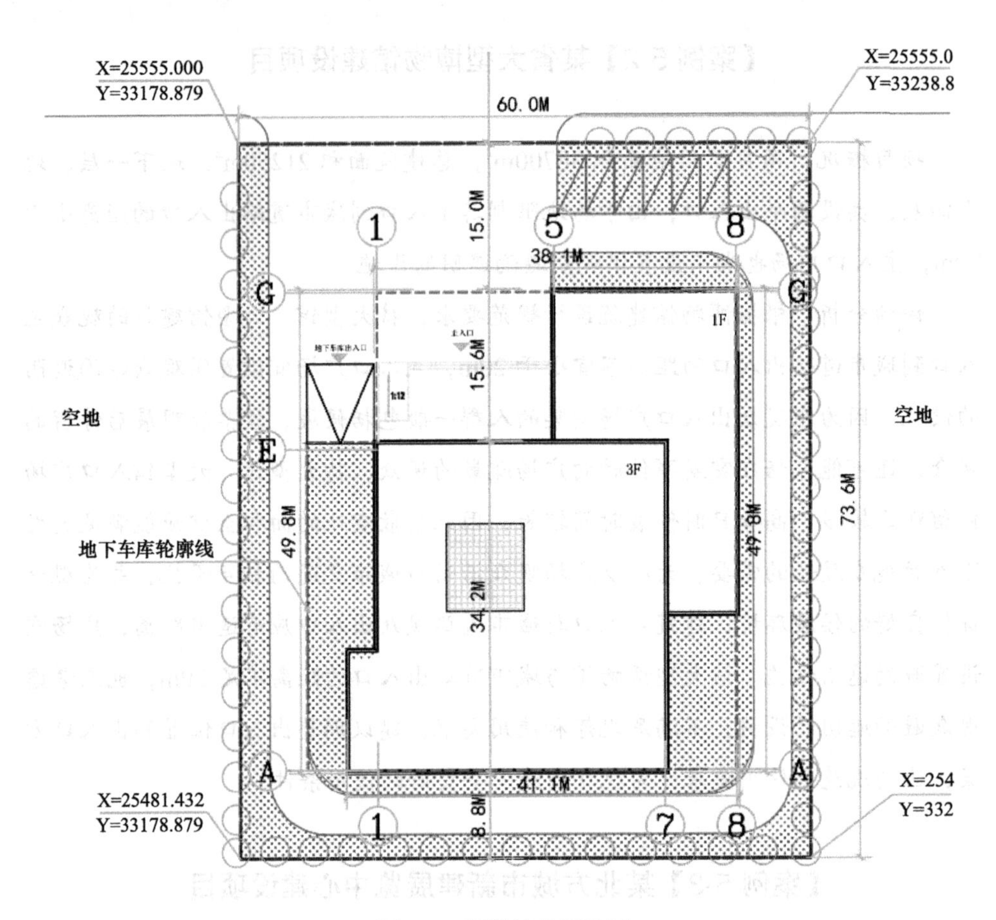

《建筑抗震设计规范》GB 50011

《无障碍设计规范》GB 50763

《外墙外保温工程技术规程》JGJ 144

《地下工程防水技术规范》GB 50108

（二）评估要点

可行性研究报告要从提高投资效益、规避投资风险的角度出发，要注重对重点项目的方案比选和结构优化进行综合评估，对拟建项目各种可能的建设方案进行充分分析研究、比选和优化。

1. 依据评估

建筑方案是否遵循经济、实用、安全、美观的原则进行设计，设计采用的设计标准，规范是否齐全、正确，版本是否有效。

2. 方案比选评估

拟比选的建设方案必须考虑对当地资源的适用性（包括原材料、人力资源、环境资源等），分析建设方案的投资费用，反复比选各建设方案的建设成本，选择“性价比”较高的建设方案为较优方案，正确选用建筑材料、合理安排使用空间，合理设计结构和构造，考虑方便施工、缩短工期，实现经济目的。方案比选过程中也应考虑建筑物的美观性，对于公共建筑应当创造一个舒适、优美的环境，对于建筑物外形构造、表面装饰、颜色都要做合理的设计。

3. 总体方案评估

总体设计方案既是公共建筑项目功能定位的具体反映，也是分析论证建筑设计方案的依据和基础。必须从以人为本的角度出发，全面关注项目对人民群众的生活等方面产生的影响。建筑设计应充分考虑当地的自然条件，因地制宜，就地选材，应采用新技术、新材料、新结构、新工艺。总体设计应对总建筑面积、各功能模块和功能用房及其面积配置、结构柱网、层高、层数、楼面荷载要求进行科学论证，总体设计对各类人员工作、生活、活动流程及相关功能用房提出的特殊使用环境技术条件等主要环节合理设计。

4. 平面设计评估

（1）平面布置功能分区是否合理，布局是否紧凑，交通流线是否便捷。组织好建筑物内功能房间、楼电梯、大厅、通道等垂直和水平等交通设施的合理布局，使各类流线顺畅、便捷、互不干扰。

（2）主要功能房间平面长度尺寸或面积是否满足相关规范规定。

（3）楼梯、电梯、扶梯数量、位置、尺寸是否满足相关规范规定。

（4）卫生间、厨房、浴室的位置和器具布置是否满足相关规范规定。

（5）满足防火、人防、节能、环保、无障碍设计要求，关注防火分区划分、安全疏散系统、总疏散宽度的布局的合理性。

（6）是否按照无障碍设计规范要求设置无障碍设施。

5. 立面、剖面设计评估

（1）建筑风格力求统一协调，建筑造型、外观与公共建筑不同类型的性质和特征、功能定位是否相贴近。

（2）房间层高或净高尺寸是否满足相关规范规定。

（3）立面高度尺寸是否满足规划部门的规定和要求。

（4）是否满足防火、人防、节能、环保设计要求。

6. 建筑材料选用评估

（1）建筑内外墙体材料选用是否符合相关规定要求并符合当地的节能环保要求。

（2）建筑装修是否能够体现建筑风格时代风貌，并与新技术发展相结合，避免过度装饰。

（3）公用设施设备的配置与选择、建筑设备材料选择的合理性，是否立足于节能产品选择。

（4）在平面布局、空间处理、构造措施、建筑屋面、墙体、楼面、地面、天窗、天棚吊顶、内墙装修、外墙装修材料选用等方面，应满足防火、防爆、防腐蚀、防震、防噪声等要求。

7. 人防设计评估

人防设计是否符合人民防空地下室设计规范，做到安全、适用、经济、合理。

（三）案例分析

【案例 5-4】某科研楼建设项目

项目概况：规划总用地 25500m²，总建筑面积 16340m²，地下一层、地上六层，地下一层为车库，首层平面为业务大厅，二层平面为会议室和办公区，三至五层平面为会议室、办公室和实验室，六层为多功能厅、办公室及员工宿舍。二层以上设中庭，每层建筑面积为 2190m²，总高度为 22.8m，耐火等级为二级，每层划分为一个防火分区。

评估分析：依据《建筑设计防火规范》规定：一二级耐火等级的多层民用建筑，防火分区最大允许建筑面积为 2500m²（未设喷淋），但对于建筑物内设置中庭时，其防火分区面积应按上下层相连通的面积叠加计算；当超过一个防火分区最大允许建筑面积时，应符合规范要求，本科研楼每层建筑面积为 2190m²，每层划分为一个防火分区是有条件的，项目评估组提出应按规范设置满足每层一个防火分区的措施。

三、评估结论及建议

评估结论应客观、全面，从规划与建筑方案角度对项目是否可行做出评估结论。评估结论一般应包括下列内容：

（1）项目规划方案与建筑方案是否符合相关标准及规范，是否符合当地行政主管部门等要求。

（2）评估总平面布置的功能分区、总体布局是否合理，消防安全、使用舒适性是否合理。

（3）建筑方案的成果是否齐全完整，主要包括设计依据和设计说明，功能模块建筑面积测算，主要技术经济指标，建筑总平面图、平、立、剖面图和效果图等。

第二节 结构方案评估

建筑质量问题是建筑工程的核心问题，结构方案是百年大计，关系着建筑物安全、建筑使用年限和建设投资。可行性研究阶段的结构方案评估主要是核实与工程地质、气象条件 、抗震设防是否相适应，初步分析不落实的问题，以及评估过程中专家提出的意见作进一步的论证和落实并对其所采取的地基处理措施及结构方案的合理性、可行性、经济性和施工安全措施等问题作进一步的核实和评估。

一、评估依据

结合政府投资公共项目的特点，结构方案评估涉及以下相关现行标准和规范。

《建筑结构可靠性设计统一标准》GB 50068

《工程结构可靠性设计统一标准》GB 50153

《建筑工程抗震设防分类标准》GB 50223

《建筑结构荷载规范》GB 50009

《建筑抗震设计规范》GB 50011

《建筑地基基础设计规范》GB 50007

《建筑地基处理技术规范》JGJ 79

《混凝土结构设计规范》GB 50010

《砌体结构设计规范》GB 50003

《钢结构设计标准》GB 50017

《高层建筑混凝土结构技术规程》JGJ 3

《高层民用建筑钢结构技术规程》JGJ 99

《建筑物抗震构造详图》11G329

《中国地震动参数区划图》GB 18306

二、评估要点

1. 依据评估

设计采用的设计标准、规范是否齐全、正确，版本是否有效。例如，建筑主体结构设计使用年限是否符合《建筑结构可靠度设计统一标准》；建筑结构安全等级、使用年限、抗震设防类别、人防抗力等级等确定是否合理；评审设计方案是否符合有关规范规定。

2. 主要荷载（作用）取值评估

（1）楼屋面活荷载是否符合荷载规范和相关规定、特殊设备荷载取值是否恰当。

（2）基本风压、地面粗糙程度、风载体型系数等是否符合《建筑结构荷载规范》和风洞实验报告（必要时）规定，坡地建筑应说明坡地的起算位置及修正系数。

（3）设计基本地震加速、设计地震分组、场地特征周期、地震影响系数等是否符合《建筑抗震设计规范》和政府相关部门的规定。

3. 结构比选方案评估

（1）评估是否针对项目情况，对基础、地上结构方案进行方案比较。如有的高层建筑，由于场地限制，施工周期紧等因素，可对采用钢筋混凝土结构或钢结构进行技术经济分析。

（2）对项目建议书中初定的结构方案有无改动，如有改动，是否科学、合理，并进行优化论证，确定投资估算是否合适。对项目建议书中采用新结构应作进一步研究，有无做试验的课题及其所需费用。

（3）对于利用原有建筑或购置二手房进行改扩建的项目，是否对拟利用的原有建筑物由有资质单位编制的结构安全性、耐久性和抗震性能鉴定报告进行核查，评估是否具有房屋结构鉴定书和房屋价位评估报告，并应审核其改扩建方案是否合理利用原有建筑，评估改造后的建筑使用年限的合理性。

（4）评估改扩建项目结构的加固措施及其投资估算的合理性。

（5）结构方案编制深度是否满足要求。

4. 场址分析与评估

（1）场地是否做《岩土工程勘察报告编制规程》YS/T5203，工程地质概况和水文地质概况描述内容是否满足可研阶段深度要求。

（2）边坡或基坑与主体结构关系是否合理，交代是否清楚。

（3）当拟建建筑物影响相邻既有建筑物、市政设施时，是否说明对相邻既有建（构）筑物及市政设施的影响和保护措施，当工程位于既有及规划轨道交通保护线以内时，是否说明与轨道的相互关系。

5. 地基与基础设计评估

（1）根据工程地质的实际情况，评估地基基础处理的方案是否合理可行。对于地下室土方开挖时是否需要采取支护，是否需要降低地下水位，措施是否得当，地基土是否需要处理，评估其经济性和投资估算。评估建筑地下室埋深、地下水标高、抗浮设计标高、土方开挖方案等的合理性及估算投资的合理性。

（2）是否正确采纳《岩土工程勘察报告编制规程》对基础形式、地基处理、防腐蚀措施（地下水及场地土有腐蚀性时）等提出的建议并采取了相应措施，当其与《岩土工程勘察报告编制规程》建议不一致时，其措施是否恰当。

（3）结构单元较多时，基础选型是否具有针对性。

（4）当采用人工地基时，是否说明地基处理方案，基础及上部结构是否采取了针对性加强措施。

（5）高层建筑设地下室时，是否满足整体稳定性要求，采取的措施是否可行。

（6）特殊地质条件的地基基础，如滑坡地段基础、抗震不利地段基础、岩溶或人防洞室地基基础、位于坡顶建筑基础等处理措施是否满足场地稳定性要求。

（7）地基是否满足受力要求及功能要求。

6. 上部结构及地下室结构设计评估

（1）结构体系选择是否合理、可靠。

（2）结构缝（伸缩缝、沉降缝、抗震缝）的设置是否合理，结构缝的设置超过规范限值时，所采取的措施是否恰当。

（3）各单元最大结构高度描述是否正确，结构单位划分是否恰当，装配式建筑是否说明预制构件类型及使用范围。

（4）抗震等级是否符合《建筑抗震设计规范》要求。

（5）位于抗震不利地段是否采取有效措施。

（6）结构平面及竖向规则性分析是否全面、准确，当存在薄弱环节时所采取的技术措施是否合理。

（7）楼（屋）盖结构说明是否全面、清楚。

（8）钢筋混凝土结构布置是否满足以下要求：房屋结构是否超限，转换层结构选型是否合理，转换层上下刚度比、框支框架承担底部地震倾覆力矩比例是否符合《高层建筑混凝土结构技术规程》有关规定。

（9）砌体结构和底部框架—抗震墙砌体结构布置是否满足下列要求：房屋总高度、层数、层高、高宽比和横墙最大间距、落地墙数量、房屋的局部尺寸限值是否符合规范要求；构造柱、圈梁设置是否合理；底框房屋的结构布置、纵横两个方向层侧向刚度比是否符合《建筑抗震设计规范》规定。

（10）多高层钢结构房屋布置是否满足以下要求：房屋结构的高度和类型是否在《建筑抗震设计规范》规定的范围内；结构布置是否符合《建筑抗震设计规范》《钢结构设计标准》《高层民用建筑钢结构技术规程》等规定。

7. 主要结构材料评估

（1）选用的结构材料是否恰当以及结构方案实现的可能性，是否在规范允许范围内（含抗震规范），是否选用落后技术材料。

（2）混凝土强度等级、钢筋种类、砌体强度等级、砂浆强度等级、钢材及焊条牌号、特殊材料或产品（成品拉索、锚具、阻尼器等）、节能及绿色建筑的材料、钢构件的防腐防火材料、围护结构和轻质隔墙材料等说明是否准确。

8. 新技术、新结构、新材料

在结构设计中所采用的新技术、新结构、新材料是否经过论证，是否恰当。

三、案例分析

【案例 5-5】某妇幼保健医院改扩建项目

项目概况：该妇幼保健医院改扩建主要新建一幢病房楼，平面尺寸东西长 82m，南北宽 21m，地上 22 层，建筑总高度 76.4m，总建筑面积 42000m^2，用地

$3800m^2$，与其南面相邻老病房楼（14 层）的间距仅为 21.1m。可研报告采用钢筋混凝土框架剪力墙结构方案。项目评估组结构专家根据实际调研情况，经评审论证，提出框架混凝土框架剪力墙方案改为钢结构方案更为合理。虽然改为钢结构方案约需增加投资 1300 万元，但上报后该意见获政府主管部门批准。

评估分析：整个医院院区用地紧张，且新建病房楼场地周围狭小，钢筋混凝土结构方案施工难度大，不利于控制合理施工周期，改用钢结构后，加快施工速度，可缩短施工周期一年以上。结构方案的优化及批准，解决了项目一大难题，项目单位和有关单位对结果均表示满意。

四、评估结论及建议

评估结论应客观、全面，从结构方案角度对项目是否可行做出评估结论。评估结论一般应包括下列内容：

（1）总结评估意见，对拟建项目建设的可行性提出有说服力的评估结论。

（2）对拟建项目在下一阶段需要完善的内容、需要注意的问题，结合其未来发展提出正反两方面的建议，为决策者提供多方面的咨询意见。

第三节　给水排水方案评估

给水排水设计方案作为建设方案的重要组成部分，其设计是否合理，会对项目本身造成一定的影响，因此在评估的过程中，要评估项目外部条件的可靠性，给水、排水方案、再生水利用、环保节能措施是否符合国家和地方法规要求及其可行性。本节给水排水设计方案评估内容包括：建筑给水、排水、热水和饮用水、雨水、中水系统等。

一、评估依据

结合政府投资公共项目的特点，给水排水评估涉及以下相关现行标准和规范。

《室外给水设计规范》GB 50013

《室外排水设计规范》GB 50014

《建筑给水排水设计规范》GB 50015

《建筑中水设计标准》GB 50336

《城镇给水排水技术规范》GB 50788

《泵站设计规范》GB 50265

《汽车库、修车库、停车场设计防火规范》GB 50067

《人民防空地下室设计规范》GB 50038

《给水排水管道工程施工及验收规范》GB 50268

《给水排水构筑物工程施工及验收规范》GB 50141

《生活饮用水水源水质标准》CJ 3020

《生活饮用水卫生标准》GB 5749

《饮用净水水质标准》CJ 94

《地表水环境质量标准》GB 3838

《污水综合排放标准》GB 8978

《医疗机构水污染排放标准》GB 18466

《民用建筑节水设计标准》GB 50555

《全国民用建筑工程设计技术措施：给水排水》

二、评估要点

（一）给水系统评估

（1）主要评估给水水源是否落实可靠。当利用市政给水管网供水时实供水的可靠性，是否能满足本项目的用水量，评估供水干管位置、接管管径及根数、能提供的水压或供水服务标高（以海拔高度计）是否符合要求，当采用相对压力时，应评估接管点的海拔标高的合理性。当采用地下水的，应有初步的物探资料。当采用地面水时，应有初步的水文资料以及初步的取水、水质处理及供水的方案。

（2）采用的用水项目、用水量标准、用水人数（或单位数）、用水时间、小时变化系数等指标和用水量计算是否正确，并符合《建筑给水排水设计规范》的相关规定。计算用水量时，是否充分考虑了水的再生利用及雨水回用等节约用水措施。

（3）应说明供水方式和供水分区。

（4）应说明调节设施（如生活水箱和水池）的容积且其容积应满足《建筑给水排水设计规范》相关规定。

（5）应说明设备用房位置、主要设备的性能参数、数量。

（6）所采取的主要供水设备、管道是否合理，并符合《建筑给水排水设计规范》相关规定。

（二）热水系统评估

（1）用水项目、用水量标准、用水人数（或单位数）、用水时间、小时变化系数、最大小时热水量、耗热量等计算应正确，并符合《建筑给水排水设计规范》的规定。

（2）热源及加热设备的选择应符合《建筑给水排水设计规范》相关规定。

（3）应说明供水方式和供水分区，且应与设计图纸一致。

（4）热水管材的选用应合理，并符合《建筑给水排水设计规范》相关规定要求。

（三）循环冷却水系统评估

（1）采用的气象参数等基础资料应正确。

（2）重复用水及采取的其他节水、节能减排措施是否合理。

（3）冷却塔的设计参数和选型应正确，选用的循环冷却水系统及处理设备应合理，并符合《建筑给水排水设计规范》相关规定。

（四）排水系统评估

（1）应说明市政污水、雨水管网的管径（或沟断面尺寸）、排入点位置、标高，市政雨污水管管径、坡度、井底标高能否满足本工程排水接入要求。

（2）排水量的计算应正确，并符合《建筑给水排水设计规范》相关规定要求。

（3）雨水系统采用的降雨强度、设计重现期、径流系数等设计参数和雨水量的计算应正确，并符合《建筑给水排水设计规范》相关规定；雨水排水管道的设计重现期应满足《建筑给水排水设计规范》，当天井、室外台地等区域暴雨积水，雨水进入室内时其设计重现期应根据其构造、重要程度、短期积水能引起较严重后果等因素按 5 ～ 50 年设计。

（4）对于排入市政污水管网的，评估是否落实其接受能力、污水的排放标准；对于必须排入其他非市政的天然水体时，评估是否初步得到当地政府主管部门的审批意见；初步落实排放标准；对于雨水排放是否明确排放的出路。排出口较多时应列表叙述每个出口承担的服务区域、面积及对应的排水量及出口管径，排水管网的设计是否满足最大排水量及排水立管系统类型。

（5）应说明屋面雨水管道设计流态，并满足《建筑给水排水设计规范》。

（6）排水管材的选用应合理，并符合《建筑给水排水设计规范》。

（7）排水系统评估。评估是否明确排水制度，即分流或合流，即使外部为合流制，内部也应该采用分流制。如果污水系统划分为若干个，应评估其划分的合理性。

（8）污废水的处理方式是否符合《建筑给水排水设计规范》相关规定及当地主管部门的要求。凡要求排放标准为《污水综合排放标准》中一、二级的，必须有生化处理设施。

（五）非传统水源利用评估

（1）中水系统：采用的水质是否达标、处理水量等设计参数是否正确，水处理流程和设备选型是否合理，并符合《建筑中水设计规范》的相关规定。

（2）雨水利用系统：采用的水质指标、设计重现期、日降水量、可回水用量等设计参数是否正确，水处理流程和设备选型是否合理，并符合《建筑与小区雨水控制及利用工程技术规范》的相关规定。

（六）抗震设计评估

是否说明工程室内外排水管道选用，管道布置与敷设，室内设备。构筑物、设施的选型、布置与固定、水泵房及水池的布置及管道均按照《建筑机电工程抗震设计规范》的相关要求设计。

（七）消防设计评估

1. 消防设置依据评估

执行的消防规范、法规是否为国家或地方现行规范、法规。根据国家或地方现行规范、法规，核查需要设置消防设施的部位是否齐全。例如，单、多层民用建筑中设置送回风道（管）的集中空气调节系统且总建筑面积大于 3000m² 的办公建筑、超过 3000 座的体育馆、超过 50 万册藏书量的图书馆等处应设自动喷水灭火系统等。

2. 消防系统设置评估

消防水源情况，消防系统种类、水消防系统供水方式，消防水箱、水池等的容积，消防泵房的设置等是否合理。消防用水量（设计流量、一次灭火用水量、火灾延续时间），其他灭火系统、设施的设计是否符合要求。消防水池、消防水泵、消防供水管网等主要设施及控制方式是否合理、可靠。

（八）管道直饮水系统评估

（1）原水水质、处理后的出水水质应符合现行行业标准《饮用净水水质标准》的相关规定。

（2）说明处理水量、供水方式和供水分区。

（3）水处理工艺、设备选型、直饮水管材是否合理，并符合《建筑与小区管道直饮水系统技术规程》的相关规定要求。

最后，当项目按绿色建筑要求建设时，说明绿色建筑设计目标，采用的绿色建筑技术和措施。当项目按装配式建筑要求建设时，给水排水设计说明应有装配式设计专门内容。当项目按海绵城市要求建设时，给水排水设计说明应明确雨水收集措施、本区域雨水径流控制率指标等。

三、案例分析

【案例 5-6】某北方城市新建省档案馆项目

项目概况：该项目总用地面积 47174m^2，总建筑面积 81771.43m^2，地下一层、地上三层，地上建筑面积 63042.23m^2，地下建筑面积 18729.2m^2。

一、给水系统

（1）生活用水量：最高日 130.31m^3/d，最大时 32.39m^3/h。

（2）水源：本工程从市政给水管上接出 DN150 引入管进入用地红线，引入管上设置双止回阀型倒流防止器。

（3）供水方式：采用竖向分区供水，二次加压采用低位水箱＋变频加压设备供水方式。

二、太阳能生活热水系统

（1）设置部位：档案馆室内淋浴间。

（2）系统形式：采用集中集热、集中供热。

（3）太阳能集热器设于三层屋面，采用全玻璃真空管集热器，太阳能集热器总面积 121.6m^2，太阳能热水保证率为 50%。

（4）集热贮水箱有效容积 4m^3，位于屋面热水机房内，太阳能储水箱材质为不锈钢。

三、排水系统

（1）排水量：最高日 117.28m^3/d，最大时 39.15m^3/h。

（2）排水方式：室内污、废水合流排到室外污水管道。经化粪池简单处理后排入城市污水管网。

（3）室内污、废水系统：地面层（±0.00）以上为重力自流排水，地面层（±0.00）以下排入地下室底层污、废水集水坑，经潜水排水泵提升排水。

四、雨水系统

（1）设计参数：屋面雨水的设计重现期为 5 年，设计降雨历时 5min。雨水溢流和排水设施的总排水能力不小于 10 年重现期降雨流量。

（2）屋面采用虹吸式雨水斗收集，雨水斗设于天沟内。管道系统设置在室内，排至室外雨水管道。

（3）室外地面雨水经雨水口和雨水管汇集后排入城市雨水管道。

评估分析：该档案馆的建设方案给水排水设计不够严谨合理，其给水系统缺生活用水定额、用水人数、市政压力等基本参数；热水系统缺最大小时热水量、耗热量、太阳能供热量等基本参数；公共建筑生活排水量应与其生活给水量相同；该档案为省级档案馆，属于重要公共建筑，其屋面雨水的设计重现期不小于10年，雨水排水和溢流设施的总排水能力不小于50年重现期的雨水量。因此项目设计单位应进一步根据相关设计规范合理调整建设方案，达到设计规范要求。

四、评估结论及建议

评估结论应客观、全面，从给水排水方案角度对项目是否可行做出评估结论。评估结论一般应包括下列内容：

（1）项目给水排水方案是否符合相关标准及规范等要求。

（2）评估可研报告中计算的建设项目小时用水量或年用水量的合理性。

（3）评估项目水源是否落实可靠，水量是否充足，能否满足项目用水需求。

（4）评估建设项目给水系统是否满足功能使用需要，系统的划分是否符合利于、使用、可靠、节能节水的要求。

（5）评估各种排水系统的污水量和污水水质是否明确。

（6）评估排水出路是否合理可行。

第四节　暖通方案评估

在可行性研究阶段，供暖、通风和空气调节专业主要任务是根据有关政策及规范，建筑物性质和工艺使用要求，结合场址所在地的气象自然条件和市政基础设施等建设条件，对设计和技术方案进行多方案比选，提出系统优化、技术先进、环保节能、投资合理的最优方案和主要设备材料等。下列评估要点适用于可行性研究报告中暖通方案的评估。

一、评估依据

结合政府投资公共项目的特点，暖通方案评估涉及国家或地方政策性文件、产业发展规划以及下列现行国家或地方的标准和规范。

《民用建筑供暖通风与空气调节设计规范》GB 50736

《建筑设计防火规范》GB 50016

《公共建筑节能设计标准》GB 50189

《城镇供热管网设计规范》CJJ 34

《通风与空调工程施工质量验收规范》GB 50243

《给水排水及采暖工程施工质量验收规范》GB 50242

《供热计量技术规程》JGJ 173

《辐射供暖供冷技术规程》JGJ 142

二、评估要点

（一）设计依据评估

（1）暖通方案主要内容是否满足设计任务书、项目相关批文及建设单位提出的符合有关法规、标准的要求。

（2）暖通方案主要内容是否满足其他专业提供的设计资料和其他依据性资料。

（3）执行的主要法规和所采用的主要标准是否准确（包括标准的名称、编号、年号和版本号）。

（二）设计范围评估

（1）工程建设地点、建筑面积、规模、建筑防火类别、使用功能、层数及建筑高度等内容是否表达清晰。

（2）本专业设计的内容、范围及与有关专业的设计分工应清晰合理。

（三）设计计算参数评估

（1）室外空气计算参数应按《民用建筑供暖通风与空气调节设计规范》或当地气象参数资料执行。

（2）室内空气计算参数（温度、湿度、精度、风速、新风量及噪声要求）的选择应满足现行国家及地方相关规范，同时兼顾生产工艺要求。室内空气计算参数要结合建筑特点合理选择。

（四）供暖系统评估

（1）供暖热负荷应结合现行国家及地方相关规范及本建筑物特点进行合理估算，必要时可进行建筑物热负荷计算。

（2）热源状况、热媒参数、热源系统工作压力、室外管线及系统补水定压方式。

1）热源选择应符合国家及地方相关标准的规定，同时兼顾与本建筑的适用性及合理性，应根据建筑物规模、用途、建设地点的能源条件、结构、价格以及国家节能减排和环保政策的相关规定等，经过综合论证确定。例如：

① 有可供利用的废热或工业余热的区域，热源宜采用废热或工业余热。

② 热源设备台数规格的选择及其配置，应使负荷运行达到最节能、最经济合理的状况。

2）热媒参数应符合《民用建筑供暖通风与空气调节设计规范》相关规定。

3）热源系统工作压力应能满足本建筑采暖系统的使用要求。

4）室外管线及系统补水定压方式应符合《城镇供热管网设计规范》相关规定。

（3）供暖系统形式及管道敷设方式

1）供暖系统形式应根据建筑物规模，所在地区气象条件、能源状况及政策、节能环保和生活习惯要求等，通过技术经济比较确定。

2）散热器供暖、热水辐射供暖、燃气红外线辐射供暖、户式燃气炉和户式空气源热泵供暖系统形式及管道敷设方式应符合《民用建筑供暖通风与空气调节设计规范》《给水排水及采暖工程施工质量验收规范》《辐射供暖供冷技术规程》等规范的相关规定。燃气红外线辐射供暖的燃气质量、燃气输配系统尚应符合现行国家标准《城镇燃气设计规范》的有关规定。

3）应严格评估电加热供暖系统的使用条件是否满足《民用建筑供暖通风与空气调节设计规范》的相关要求。例如：

① 有供电政策支持，可以使用电加热供暖系统。

② 无集中供暖和燃气源，且煤和油等燃料的使用受到环保或消防严格限制的建筑，可以使用电加热供暖系统。

（4）供热热计量及室温控制，系统平衡、调节手段应符合《公共建筑节能设计标准》《供热计量技术规程》《民用建筑供暖通风与空气调节设计规范》等相关规范的要求。

（5）供暖设备、散热器类型、管道材料及保温材料的选择

1）供暖设备、散热器的选择应秉承技术先进、环保节能、投资合理的原则，并应符合《民用建筑供暖通风与空气调节设计规范》的有关规定。例如：

① 高大空间供暖不宜单独采用对流型散热器。

② 安装热量表和恒温阀的热水供暖系统不宜采用水流通道内含有黏砂的铸铁散热器。

2）管道材料及保温材料的选择以及保温厚度应符合《公共建筑节能设计标准》《工业设备及管道绝热工程设计规范》的要求。

（五）空调系统评估

（1）空调冷热负荷应结合现行国家及地方相关规范及本建筑物特点使用热、冷负荷指标进行合理估算，必要时可对空调区的冬季热负荷和夏季逐时冷负荷进行计算。

（2）空调系统冷源及冷媒选择，冷水、冷却水参数；空调系统热源供给方式及参数。

1）供暖空调冷源与热源应根据建筑规模、用途、建设地点的能源条件、结构、价格以及国家节能减排和环保政策的相关规定等，通过综合论证确定，并应符合《民用建筑供暖通风与空气调节设计规范》的有关规定。例如：

① 在执行分时电价、峰谷电价差较大的地区，经技术经济比较，采用低谷电价能够明显起到对电网“削峰填谷”和节省运行费用时，宜采用蓄能系统供冷供热。

② 有天然地表水等资源可供利用，或者有可利用的浅层地下水且能保证100% 回灌时，可采用地表水或地下水地源热泵系统供冷、供热。

2）应严格评估电直接加热设备作为空调系统的供暖热源和空气加湿热源的使用条件是否满足《民用建筑供暖通风与空气调节设计规范》的相关要求。例如：

① 以供冷为主、供暖负荷非常小，且无法利用热泵或其他方式提供供暖热源的建筑，当冬季电力供应充足、夜间可利用低谷电进行蓄热，且电锅炉不在用电高峰和平段时间启用时。

② 冬季无加湿用蒸汽源，且冬季室内相对湿度要求较高的建筑。

3）区域供冷系统、分散设置空调系统的方案选择应进行技术经济比较，并应满足《民用建筑供暖通风与空气调节设计规范》中规定的使用条件。

4）电动压缩式冷水机组

① 制冷剂应符合国家现行有关环保的规定。采用氨作制冷剂时，应采用安全性、密封性能良好的整体式氨冷水机组。

② 总装机容量、供电方式应符合《民用建筑供暖通风与空气调节设计规范》的有关规定。

③ 机组选型应符合《公共建筑节能设计标准》《冷水机组能效限定值及能效等级》的有关规定，选择名义工况性能系数较高的产品，并同时考虑满负荷和部分负荷因素。

5）热泵机组应符合《民用建筑供暖通风与空气调节设计规范》《地源热泵系统工程技术规范》《多联机空调系统工程技术规程》《单元式空气调节机能效限定值及能源效率等级》《多联式空调（热泵）机组能效限定值及能源效率等级》等有关规范的要求。

6）溴化锂吸收式机组应符合《民用建筑供暖通风与空气调节设计规范》《溴化锂吸收式冷（温）水机组安全要求》《直燃型溴化锂吸收式冷（温）水机组》《蒸汽和热水型溴化锂吸收式冷水机组》等有关规范的要求。

7）空调冷水、热水、冷却水参数应符合《民用建筑供暖通风与空气调节设计规范》。采用冷水机组直接供冷时，空调冷水供水温度不宜低于5℃，空调冷水供回水温差不应小于5℃；有条件时，宜适当增大供回水温差，但应综合考虑节能和投资因素。

（3）空调风系统。

1）使用时间、温湿度要求、洁净度要求、噪声要求不同的空调区，宜分别设置空调风系统。

2）根据建筑使用要求或工艺特点，可分别采用全空气空调系统、风机盘管加新风空调系统、低温送风空调系统、温湿度独立控制空调系统、蒸发冷却空调系统及直流式空调系统等方式，但应通过技术经济比较，通过综合论证确定，并应符合《民用建筑供暖通风与空气调节设计规范》的有关规定。

3）空调区的气流组织设计，应根据空调区的温湿度参数、允许风速、噪声标准、空气质量、温度梯度以及空气分布特性指标等要求，结合内部装修、工艺或家具布置等确定；复杂空间空调区的气流组织设计，宜采用计算流体动力学数值模拟计算。

4）医院洁净手术部用房的主要技术指标应按《医院洁净手术部建筑技术规范》的规定设计；综合医院洁净用房应采用阻隔式空气净化装置作为房间的送风末端，并应符合《综合医院建筑设计规范》的有关规定。

（4）空调水系统。

1）除采用直接蒸发冷却器的系统外，空调水系统应采用闭式循环系统。当建筑物所有区域只要求按季节同时进行供冷和供热转换时，应采用两管制的空调水系统。当建筑物内一些区域的空调系统需全年供应空调冷水、其他区域仅要求按季节进行供冷和供热转换时，可采用分区两管制空调水系统。当空调水系统的供冷和供热工况转换频繁或需同时使用时，宜采用四管制水系统。

2）集中空调冷水系统的选择应进行技术和经济比较，并应符合《民用建筑供暖通风与空气调节设计规范》的有关规定。例如：

① 除设置一台冷水机组的小型工程外，不应采用定流量一级泵系统。

② 冷水水温和供回水温差要求一致且各区域管路压力损失相差不大的中小型工程，宜采用变流量一级泵系统。

3）除空调热水和空调冷水系统的流量和管网阻力特性及水泵工作特性相吻合的情况外，两管制空调水系统应分别设置冷水和热水循环泵；空调水循环泵的流量及扬程应根据本工程详细负荷计算书及水力计算书进行选型；空调水循环泵台数应符合《民用建筑供暖通风与空调设计规范》的相关规定；在选配空调冷热水循环泵时，应计算循环水泵的耗电输冷（热）比，并应满足《公共建筑节能设计标准》的有关规定。

4）定压补水系统、冷却水系统及冷凝水系统应符合《民用建筑供暖通风与空调设计规范》的相关规定。

（5）特殊空调系统。

1）洁净空调系统应注明净化等级，并应满足《洁净厂房设计规范》的要求。

2）蓄冷蓄热空调系统应符合《民用建筑供暖通风与空调设计规范》《蓄冷空调工程技术规程》的相关规定。

3）燃气冷热电三联供系统应符合《燃气冷热电联供工程技术规范》的相关规定。

（6）供暖、通风与空调系统应设置检测与监控设备或系统，并应符合《民用建筑供暖通风与空调设计规范》的相关规定。

1）检测与监控内容可包括参数检测、参数与设备状态显示、自动调节与控制、工况自动转换、设备连锁与自动保护、能量计量以及中央监控与管理等。

2）系统规模大，制冷空调设备台数多且相关联各部分相距较远时，应采取集中监控系统。

3）不具备采用集中监控系统的供暖、通风与空调系统，宜采用就地控制设备或系统。

（7）管道、风道材料及保温材料的选择。

1）风管及水管材料选用应符合《通风与空调工程施工质量验收规范》《给水排水及采暖工程施工质量验收规范》的要求。

2）设备和管道的保温材料及厚度应符合《公共建筑节能设计标准》《工业设备及管道绝热工程设计规范》的要求。

（六）通风系统评估

1. 自然通风

1）公共建筑采用自然通风的主要功能房间其外窗（含透光门）及透光幕墙的有效通风换气面积应符合《公共建筑节能（绿色建筑）设计标准》。

2）大空间展厅、比赛大厅、地下汽车库和一般用房，首先应考虑采用自然通风。当自然通风不能满足要求时，可设机械排风，同时应设有自然进风或机械进风。不论自然或机械进、排风，宜结合排烟系统一并考虑。

2. 机械通风

1）对无可避免放散的有害或污染环境的物质，其排放和净化要求应符合《大气污染物综合排放标准》《环境空气质量标准》的要求。

2）对于设有机械通风系统的机动车库，平时机械通风量应符合《车库建筑设计规范》的要求。

3）公共空间、公共厕所、公共卫生间和浴室、设备机房通风系统的设置应符合《民用建筑供暖通风与空气调节设计规范》的要求。

4）事故通风系统的设置应符合《民用建筑供暖通风与空调设计规范》的要求。

5）设置在其他及建筑物内（非独立设置）的燃油、燃气锅炉房的锅炉间，其送排风系统设置应符合《锅炉房设计规范》。

6）设置气体灭火的房间，灭火后防护区通风应符合《气体灭火系统设计规范》。对设气体灭火系统的房间，其开口部位都应能封闭，以免灭火时喷放气体的损失，火灾扑灭后应有机械排风。

7）公共建筑主要功能房间及其外窗及透光幕墙有效通风换气面积不满足《公共建筑节能（绿色建筑）设计标准》规定的，应设置机械排风系统。

3. 通风系统设备、风道材料的选择

通风机的选择符合规范要求，通风系统风管材料应符合规范要求。各系统管道的材质，设备进、出口柔性接管以及附件等的选用是否符合防火、防腐、保温等要求。

4. 防排烟系统

是否严格执行防火规范对各类公共建筑防排烟规定，尤其是强制性条文。例如：

（1）对有自然排烟条件的，应采用自然排烟。自然排烟的净面积是否达到防火规范要求。

（2）无自然排烟条件时，是否采取机械防排烟措施。

（3）排烟口离最远点的水平距离不应超过30m。

（七）抗震设计

（1）管道选择

1）供暖、通风及空气调节管道的材料应选择符合《建筑机电工程抗震设计规范》。

2）室外热力管道管材的选用应符合《建筑机电工程抗震设计规范》。

（2）防排烟风道、事故通风风道及相关设备应符合《建筑机电工程抗震设计规范》。

（3）通风、空气调节风道的布置与敷设以及供暖、通风与空调设备的布置与固定应符合《建筑机电工程抗震设计规范》。

三、案例分析

【案例5-7】某新建展览馆建设项目

项目概况：该项目规划总用地10500m^2，总建筑面积8300m^2，地下一层、地上五层，《可研报告》提出项目的采暖、空调系统冷热源，有条件选用单井抽灌技术的水源热泵，或城市热网热水供应＋冷水机组供冷两个方案。设计单位选用水源热泵方案。从投资角度分析，水源热泵方案比热网＋冷水机组方案需多投入约600万元。两个方案的运行费用，在主机能效比合理的情况下，主要取决于全年热、冷负荷，以及电价和热价。该项目供热、供冷年负荷的特点是：大部分展厅负荷系数较低，按电价取0.65元/kW·h和热价取25～30元/106kJ，对主要能耗作简单估算，水源热泵方案的运行费用并不比热网+冷水机组方案节省，故要在数年内回收水源热泵方案多投入的600万元初投资比较困难，而且单井抽灌技术还需注意各井的稳定出水量和长期使用后的水温变化。

评估分析：基于上述方案比选分析，项目评估组专家认为采用热网+冷水机组方案较为合理，也可以节省初期投资。

【案例 5-8】某新建博物馆项目

项目概况：该项目场址在北方地区，规划用地面积57800m²，总建筑面积31638m²，地下一层、地上十层，《可研报告》提出建筑体量大，需供应冷量较大，其特点是冷量主要在白天8小时使用，晚上用量很少。因供电行业实行峰谷电价，鼓励用户移峰填谷，对电网比较有利，因此设计单位采用冰蓄冷系统方案。据核算，约3年半可回收投资。而项目评估组专家核算约需7年半才能回收，倾向于不采用冰蓄冷系统方案。冰蓄冷系统投资比冷水机组系统要大，一般约高出30%～40%；制冷时由于蒸发温度较低，机组运行的耗电量需增加约20%(已考虑冷却水温的效果)；还要增加溶液泵的用电量。因此，应作具体方案的技术经济比较。在比较时，除两种供冷系统的投资外，还应注意冰蓄冷系统用电移峰有可能减少供配电设备投资；系统设置的蓄冰槽等要增加一定建筑面积，增加土建投资；制冰蓄冷供冷部分的单位电耗比冷水机组供冷电耗要大等因素。应统筹考虑建设投资和运行费用。总之，冰蓄冷系统对项目单位并不节能，但因供电行业实行移峰填谷的峰谷电价，能节省运行费用。

评估分析：项目评估组专家认为，在方案确定时，应科学测算全年冷负荷和年运行小时数，在南方地区夏季比较长，一般采用冰蓄冷系统方案较为有利。但冰蓄冷系统方案建设投资大，由政府承担。因此，建议设计单位进一步核实投资回收期，据以核定方案。

【案例 5-9】某综合医院住院楼建设项目

项目概况：该医院规划总用地51500m²，总建筑面积24850m²，地下一层、地上八层，为减少冷水循环水泵的用电量和缩小管径节省管材，将冷冻水供、回水温，由7/12℃改为5/12℃，温差由5℃改为7℃。加大冷冻水的温差，可相应减少冷水循环水量，以节约用电量。但冷冻水供水温度由7℃降至5℃，冷冻机组运行所需要的用电量约增加3.5%～6%左右（视具体机组情况而异）。由于该项目为一次回风方式，对空气温湿度处理及控制完全可以采用7℃的冷冻水，而并非必须采用5℃的冷水温度。因此，该项目采用提高冷水温差的考虑，其结果两者用电量基本抵消，并不节能。

评估分析：项目评估组专家建议，采用7/14℃（或7/13℃）的冷冻水，温差7℃或6℃，以节约用电量。当然，采用14℃或13℃的回水温度要与室内的基准温度相协调，否则采用6/13℃的冷冻水亦比5/12℃的合理。虽然由于冷冻水回水温度提高，空调机组表冷器的传热面积要略增大些，但还是会减少能耗和节省投资的。

四、评估结论及建议

评估结论应客观、全面，从暖通方案角度对项目是否可行做出评估结论。评估结论一般应包括下列内容：

（1）项目暖通方案是否符合相关标准及规范等要求。

（2）评估冷热源是否根据建筑规模、使用特点，结合当地能源结构及其价格政策、环保规定等因素确定。

（3）评估供热工程建设方案、热负荷量合理性。

（4）评估空调系统划分、通风系统是否合理。

第五节 电气方案评估

电气专业在项目可行性研究阶段评估主要是评价供电电源可行性、建筑智能化合理性问题。

一、评估依据

结合政府投资公共项目的特点，电气方案评估涉及以下相关现行标准和规范。

《供配电系统设计规范》GB 50052

《低压配电设计规范》GB 50054

《民用建筑电气设计规范》JGJ 16

《建筑物防雷设计规范》GB 50057

《建筑照明设计标准》GB 50034

《电力工程电缆设计规范》GB 50217

《城市电力规划规范》GB\T 50293

《建筑设计防火规范》GB 50016

《公共建筑节能设计标准》GB 50189

《火灾自动报警系统设计规范》GB 50116

《综合布线系统工程设计规范》GB 50311

《教育建筑电气设计规范》JGJ 310

《建筑机电工程抗震设计规范》GB 50981

二、评估要点

（一）依据评估

（1）工程概况是否描述准确、完整。

（2）设计采用的规范、规程是否适用于本工程，是否为现行有效版本。

（二）变、配、发电系统评估

（1）供配电系统的设计应按负荷性质、用电容量、工程特点、建筑规模和发展规划以及当地供电条件，合理确定设计方案。供配电系统的设计应保障安全、供电可靠、技术先进和经济合理。供配电系统的构成应简捷明确，保证供电质量，减少电能损失，并便于管理和维护。

（2）负荷等级划分是否准确，并符合国家、行业和地方相关设计规范的规定。

（3）供电电源是否可行，电压等级、回路数及容量选择是否正确、经济合理。

（4）负荷计算及变压器容量的选择及配置是否正确、经济合理。

（5）高、低压配电系统主结线方式、继电保护装置设置及操作电源选择是否正确、安全可靠、经济合理。

（6）发电机容量是否满足需求，其启动方式选择是否正确。

（7）变、配、发电站位置设置是否合理（电源进出线是否方便、供电半径是否满足电压质量和节能要求、发电机进出风口设置是否合理、与相关专业的配合是否到位等）。

（8）谐波影响评估。按照《电力系统谐波管理暂行规定》，建设项目要根据其非线性负荷特性，确定接入电网的谐波电流允许值，对超过规定允许值的项目，提出的限制谐波电流措施进行评估。

（三）抗震设计评估

是否说明本建筑抗震设防烈度，电气抗震设计采取的措施是否满足《建筑机电工程抗震设计规范》。

（四）照明系统评估

（1）设计采用的照度值、照明功率密度值、眩光值和显色指数是否满足规范要求。

（2）照明光源及灯具的选择是否满足《建筑照明设计标准》。室外照明照度值、光源及灯具的选择是否满足规范要求。

（3）室内、室外照明、夜景照明的照明控制方式是否合理。

（五）建筑物防雷及电子信息系统防雷措施

（1）根据计算的年预计雷击次数，建筑物防雷等级划分、建筑物电子信息系统雷电防护等级等应符合《建筑物防雷设计规范》有关规定。

（2）建筑物外部防雷措施、内部防雷措施，是否与被保护建筑（构筑物）及设备的防雷要求相适应，并符合《建筑物防雷设计规范》及地方法规的有关规定。

（3）重要及特殊建筑（构筑物）是否有相关特殊防雷措施。

（六）接地系统

（1）建筑物的接地系统做法及接地电阻的要求是否满足《建筑物防雷设计规范》及地方法规的相关规定。

（2）总等电位联结、辅助（局部）等电位联结的措施及要求是否正确。

（3）有无特殊场所的接地措施要求，且方法是否正确。

（七）弱电系统

（1）系统设计功能是否合理，是否符合现行国家相关法规及地方主管部门相关规定。

（2）系统功能描述是否完整（包括：系统构成、系统框架、设备选择、机房位置、导线选择及敷设方式等），系统配置是否完整、经济、可靠。

（3）弱电机房位置设置是否合理，是否满足相关规范要求。

三、案例分析

【案例 5-10】某大学教学楼建设项目

项目概况：项目主要建设公共教学楼和专业教学楼，项目总占地面积 11397.9m^2，其中公共教学楼占地面积 8643m^2，专业教学楼 2754.9m^2。总建筑面积 60675.8m^2，其中公共教学楼建筑建筑面积 47252m^2（地上建筑面积 37252m^2，地下建筑面积 10000m^2），专业教学楼建筑面积 13423.8m^2。项目公共教学楼和专业教学楼建筑均为 5 层，地上部分主要设置教室、实验室、行政办公用房；公共教学楼地下设置人防工程（兼地下车库）。

《可研报告》从强弱电方面对电气方案进行了介绍，提出本工程供电负荷等级为二级，由 A 变电站与 B 变电站引两路 10kV 高压电源，在计算机科学与技术学院西侧倒渣路西侧空地设开闭所，并在多功能阶梯教室、文法教学楼、电子信息工程学院、图书网络信息中心各设 1 个变配电室（不在该项目范围内），共设 4 台 SC（B）13-500-10/0.4kV 变压器、4 台 SC（B）13-1000-10/0.4kV 变压器、1 台 SC（B）13-1250-10/0.4kV 变压器；弱电设计方案包括电话通信、计算机网络系统、智能公共广播系统（包括消防火灾事故广播系统）等内容。

评估分析：该项目电气方案总体可行，但未明确人防设施的用电负荷等级和电源情况，缺少综合布线和绿色建筑的设计内容，应进一步修改完善，具体意见如下：

（1）该项目电子信息学院、文法教学楼、应用科学学院等建筑有地下室，如果有人防功能，应明确其负荷等级、电源等内容。

（2）方案中对于消防系统的表述不清，且不满足《建筑设计防火规范》要求，应予以明确。

（3）按照《火灾自动报警系统设计规范》编制消防方案，并明确消控室位置。

（4）补充对综合布线系统的描述，并明确弱电系统机房位置。

（5）建议增加安全技术防范系统、有线电视系统、信息导引及发布系统、智能卡应用系统等内容。

（6）图中配电室和弱电室与卫生间相邻，违反规范，应修改。

评估会后，《可研报告》重新计算了用电负荷、完善了配电系统方案，并对其他内容进行了修改完善。评估分析认为，修改后电气方案基本满足本阶段可研深度要求，建议下阶段结合机房、实验设备等主要用电设备的布置进一步优化电气方案。

【案例 5-11】某大学图书馆建设项目

项目概况：该图书馆总建筑面积 31638.0m^2，地上十层，建筑面积 27386.0m^2；地下一层，建筑面积 4252m^2。东西长为 55.0m，南北宽为 68.6m，建筑总高度为 48.0m。《可研报告》从强弱电方面对电气方案进行了介绍，提出该项目供电负荷等级为二级，由所在区域两所变电站引两路 10kV 高压电源，在计算机科学与技术学院西侧空地设开闭所，并在图书馆设 1 个变配电室，设 2 台 SC（B）13-1000-10/0.4kV 变压器、1 台 SC（B）13-1250-10/0.4kV 变压器（包括外国语学院、计算机科学及技术学院供电需求）。弱电设计方案包括电话通信、计算机网络系统、火灾自动报警系统、消防广播系统等内容。

评估分析：评估组认为，该项目电气方案存在负荷等级分类错误、缺漏项、缺少负荷估算等问题，具体问题如下。

（1）负荷等级划分不明确，供电措施不详。例如，应明确计算机检索系统以及安全技术防范系统的等级。应明确图书馆的藏书量，并根据《教育建筑电气设计规范》和《图书馆建筑设计规范》（JGJ38）进一步修改完善。

（2）无功功率偏大，缺少负荷估算，应重新核实。

（3）为提高安全性，低压配电系统的接地形式应采用 TN-S 系统。

（4）应按《火灾自动报警系统设计规范》确定消防方案，并明确消防干线的选型及消控室位置。

（5）明确人防负荷等级和供电电源情况。

（6）建议增加安全技术防范系统、有线电视系统、信息导引及发布系统、智能卡应用系统等内容。

评估会后，评估组与项目单位针对以上问题进行了研讨，根据图书馆藏书量重新核实了供电负荷等级和用电负荷，对于完善弱电系统方案提出了好的建议。

四、评估结论及建议

评估结论应客观、全面，从电气方案角度对项目是否可行做出评估结论。评估结论一般应包括下列内容：

（1）项目电气方案是否符合相关标准及规范等要求。

（2）项目电压等级是否合适，电源是否落实。

（3）建设项目负荷等级划分是否合适，负荷估算的方法和标准是否恰当。

（4）项目所涉及的设备材料选型、变配电所的设置是否满足节能相关要求，防雷、接地等措施是否合理。

第六节　绿色建筑方案评估

一、评估依据

结合政府投资公共项目的特点，绿色建筑方案评估涉及以下相关标准和规范。

《民用建筑绿色设计规范》JGJ/T 229

《民用建筑绿色性能计算标准》JGJ/T 449

《绿色建筑评价标准》GB/T 50378

《绿色办公建筑评价标准》GB/T 50908

《绿色医院建筑评价标准》GB/T 51153

《绿色博览建筑评价标准》GB/T 51148

《既有建筑绿色改造评价标准》GB/T 51141

《绿色校园评价标准》GB/T 51356

二、评估要点

评估可行性研究报告中是否包括绿色建筑内容，建筑方案的设计是否本着绿色建筑的标准去设计，即在建筑的全寿命周期内，最大限度地节约资源（节能、节地、节水、节材）、保护环境和减少污染，为人们提供健康、适用和高效的使用空间，与自然和谐共生。绿色建筑是建立在场地建设不破坏当地文物、自然水系、湿地、基本农田、森林和其他保护区等一系列下形成的。

（1）建筑节能：总体设计是否推进建筑节能，是否严格执行建筑节能标准，是否应用新型和可再生资源。

（2）建筑节地：是否提高土地利用的集约和节约程度，公共建筑要在满足规范和规划条件的前提下适当提高建筑密度。

（3）建筑节水：是否降低管网漏损率，强化节水器具的应用，是否推进污水再生利用、雨水利用。

（4）建筑节材：是否应用高性能、低材（能）耗、可再生循环利用的建筑材料，因地制宜，就地取材，提高建筑品质，延长建筑物使用寿命。

（5）是否将有关绿色建筑的建筑节能成本纳入估算投资。

三、评估结论及建议

评估结论应客观、全面，从绿色建筑方案角度对项目是否可行做出评估结论。评估结论一般应包括下列内容：

（1）项目绿色建筑方案是否符合相关标准及规范等要求。

（2）评估建筑的全寿命周期内，是否按照最大限度地节约资源（节能、节地、节水、节材）。

第六章

环境影响评估

人与自然是生命的共同体。党的十八大以来，我国环境治理力度明显加大。党的十九大更是把建设生态文明作为中华民族永续发展的千年大计，提出“坚持节约资源和保护环境的基本国策，像对待生命一样对待生态环境”，并将污染防治作为决胜全面建成小康社会的三大攻坚战之一。在政府投资公益性公共建筑项目可行性研究阶段进行环境影响评估，可有效预防因项目实施对环境造成不良影响，促进经济、社会和环境的协调发展，这不仅是实施可持续发展战略的必然条件，也是满足人民日益增长的优美生态环境需要的内在要求。

第一节 评估依据

我国政府非常重视环境保护工作，目前已经形成了由法律、国务院行政法规、政府部门规章、地方性法规和地方政府规章、环境标准、环境与生态规划组成的完整环境保护制度体系。因此，在对建设项目进行评估时，必须遵守建设项目环境保护的相关规定。

一、国家法律法规、部门规章和环境标准

1. 国家法律法规

该体系以《中华人民共和国宪法》（2018 年修订）中对环境保护的规定为基础，包括环境保护综合法、环境保护单行法、环境保护相关法和环境保护行政法规。其中：

环境保护综合法，是指《中华人民共和国环境保护法》（2014 年修订）、《中华人民共和国环境影响评价法》（2016 年修订）等。

环境保护单行法，包括：污染防治法（如《中华人民共和国水污染防治法》《中华人民共和国大气污染防治法》《中华人民共和国固体废物污染环境防治法》《中华人民共和国环境噪声污染防治法》《中华人民共和国放射性污染防治法》）、生态保护法（如《中华人民共和国水土保持法》《中华人民共和国野生动物保护法》《中华人民共和国防沙治沙法》）。

环境保护相关法，是指一些自然资源保护和其他有关部门法律。如《中华人民共和国森林法》《中华人民共和国草原法》《中华人民共和国矿产资源法》《中华人民共和国水法》《中华人民共和国清洁生产促进法》等都涉及有关建设项目的环境保护要求。

环境保护行政法规是由国务院制定并公布或经国务院批准有关主管部门公布的环境保护规范性文件，主要包括：根据法律授权制定的环境保护法的实施细则或条例，如《中华人民共和国水污染防治法实施细则》；以及针对环境保护的某个领域而制定的条例、规定和办法，如《建设项目环境保护管理条例》和《规划环境影响评价条例》。

2. 政府部门规章

政府部门规章是指国务院环境保护行政主管部门单独发布或与国务院有关部门联合发布的环境保护规范性文件，以及政府其他有关行政主管部门依法制定的环境保护规范性文件。政府部门规章是以环境保护法律和行政法规为依据而制定的，或者是针对某些尚未有相应法律和行政法规调整的领域做出相应规定。如《排污许可管理办法》《建设项目环境影响后评价管理办法》等。

3. 环境标准

环境标准是环境保护法律法规体系的一个组成部分，是环境执法和环境管理工作的技术依据。我国的环境标准分为国家环境标准、地方环境标准和环保部门标准。

二、地方性法规和地方性规章

环境保护地方性法规和地方性规章，是享有立法权的地方权力机关和地方政府机关依据《中华人民共和国宪法》和相关法律制定的环境保护规范性文件。这些规范性文件是根据本地实际情况和特定环境问题制定的，并在本地区实施，有较强的可操作性，如《山西省环境保护条例》《山东省环境噪声污染防治条例》《广东省饮用水源水质保护条例》等。环境保护地方性法规和地方性规章不能和法律、国务院行政规章相抵触。

三、区域环境与生态规划

环境规划是应用各种科学技术信息，在预测发展对环境的影响及环境质量变化趋势的基础上，为了达到预期的环境目标，进行综合分析做出的带有指令性的最佳方案，是环境决策在时间、空间上的具体安排。按区域范围可分为全国环境规划、区域环境规划、城市环境规划、工业区环境规划等；按内容可分为污染控制规划、生态规划、自然环境保护规划等；按环境要素可分为水污染控制规划、大气污染控制规划、固体废物处理与处置规划、噪声控制规划等。

四、环境影响评价文件

长期以来，环境影响评价制度作为我国环境保护管理的一项重要的制度，为环境保护行政主管部门和其他综合审批部门进行审批决策提供重要依据，在源头上预防、控制环境污染和生态破坏发挥着巨大的积极作用。2014 年以来，随着国家加快转变政府职能、简政放权工作部署的实施，环境影响评价审批改革也在悄然开启。2016 年 7 月 2 日全国人大常委会第二十一次会议审议通过了新版的《中华人民共和国环境影响评价法》。从立法的角度看，新法取消了环评审批作为项目审批部门前置条件的依据，但是，对环境有重大影响的政府投资公共项目来说，环境影响评价仍是项目可行性研究中一项必不可少的内容，同时也是建设项目评估审核的内容之一。

第二节　评估原则

在政府投资公共建筑项目中开展环境影响评估，遵循的基本原则有：

一、依法评估

全面依法治国是中国特色社会主义的本质要求和重要保障。保护环境作为我国的基本国策，只有实行最严格的制度、最严密的法治，才能为其提供可靠的保障。我国历来高度重视环境保护领域立法工作，自1979年颁布的《中华人民共和国环境保护法》（2014年修订）第一次用法律的形式规定了建设项目环境影响评价后，又先后制定了环境保护法、大气污染防治法、水污染法等30多部法律，并出台了诸多配套法规和规章。对于政府投资的公共建筑项目来说，在环境影响评估中严格遵守国家各项法律法规，不仅有助于扎实推动项目顺利进行、保护区域生态环境，同时还为全面建设小康社会营造良好的法治环境提供有利条件。

二、科学评估

环境影响评估是一项比较严谨的工作，在评估过程中评估人员应以科学谨慎的态度，核实可行性研究报告中有关数据资料的真实性和可信度，根据公共建筑项目的差异性和特殊性，对项目建设产生的环境影响及主要污染源进行认真分析，并严格按照环境保护有关法律法规、规章制度、技术标准等要求，运用专业知识对采取的污染防治措施合理性进行评估，从而得出科学客观的评估结论。科学地进行环境影响评估，不仅有助于明确开发建设者的环境责任及规定应采取的行动，为建设项目的工程设计提出合理环保要求和建议，同时也为环境管理者对建设项目实施有效管理提供科学依据。

三、突出重点

明确项目在所处区域或行业发展规划中的地位，与相关规划和其他建设项目的关系，分析项目选址、方案及环境影响是否符合相关规划的环境保护要求。根据政府投资公共建筑项目的建设内容及其特点，明确与环境要素间的作用效应关系，对建设期和运营期环境可能产生较大影响的主要因素进行深入评估，充分利用符合时效的数据资料及成果，对建设项目主要环境影响予以重点分析。

第三节　评估要点

对于政府投资公共建筑项目来说，环境影响评估应首先通过实地踏勘或资料查阅对项目所在地的自然环境、生态环境、社会环境等进行了解，综合分析项目建设和运营期间对各种环境因素及其所构成的生态系统可能造成的影响，并根据国家有关环境保护法律、法规的要求，按照减少污染物产生数量和资源综合利用的原则，对可研阶段提出的预防或减轻不良环境影响的对策和措施合理性进行评估。一般来说，公共建筑项目建设对环境造成的影响，需要根据项目工程特点和污染物排放特征等具体情况进行分析，通过采取有效的控制措施从某种程度上是可以消除或减轻的。

从施工期和运营期两个阶段进行分析，政府投资公共建筑项目常见的环境污染及污染防治措施可以从以下几个方面进行评估。

一、水环境主要影响评估

（一）建设期

（1）砂石料冲洗废水。建筑材料在堆放期间可能受到雨水的冲刷流失而产生废水，水中的主要污染物为悬浮物。因悬浮物含量较大，一般需建沉降池，悬浮物进行沉淀后排放。部分废水澄清后可用于建筑工地洒水防尘。人工运输水泥砂浆时，应避免泄漏，泄漏水泥砂浆应及时清理。运浆容器和搅拌用具，工休时尽量集中放置，及时清洗，冲洗水引入沉降池。

（2）混凝土养护废水。混凝土养护可以直接用薄膜或塑料溶液喷刷在混凝土表面，待溶液挥发后，与混凝土表面结合成一层塑料薄膜，使混凝土与空气隔离，封闭混凝土中水分不再蒸发外溢，水泥依靠混凝土中水分完成水化作用，因用水量较小，故废水排放量小，养护废水也可以不需专门处理。

（3）机械和车辆冲洗废水。主要为含油废水，应尽量要求施工机械和车辆到附近专门清洗点或修理点进行清洗和修理，小部分在项目区内进行清洗和修理的施工机械、车辆所产生的含油废水或废弃物，不得随意弃置和倾流，可用容器收集，回收利用，以防止油污染。机械保养冲洗水、含油污水不得随意排放，要建排水沟和小型隔油池，经处理后排放。

（4）施工人员生活污水。主要污染物包括油脂、洗涤剂、悬浮物等，以有机污染物为主。施工时期应尽量选择有污水排放系统的民房作为宿营地，使生活污水进入排污水系统。如果施工宿营地暂无生活污水排放设施，应将生活污水用排水沟和管道系统收集，集中排入附近化粪池或初级污水处理设施。在宿营工地或居民区 20m 范围内不宜建明沟排放生活污水，在明沟上可用遮盖物掩蔽或选用输送管排污。在施工人员较集中的宿营工地，附近无化粪池排污水的，要自建简易初级污水处理池。

（二）运营期

项目运营产生的废水主要为生活污水，生活污水主要污染物为 COD、氨氮等。运营期产生的生活污水应在进行收集后，集中排放至化粪池，经过无害化处理后综合利用或排入市政管网。根据建筑特点，还应注意点源非正常排放的处理措施和水质恶劣的降雨初期径流的处理措施。另外，对于政府投资公共建筑项目中的医院污水、实验室废水等水质成分复杂的污水，应注意设置预处理装置，达到相应的污染物排放标准后才可经污水管网排入污水处理厂。

二、大气环境主要影响评估

（一）建设期

（1）施工场地的土方挖掘、装卸和运输过程产生的扬尘、填方扬尘，以及路面和管网布线开挖产生的扬尘。工程开挖土方应集中堆放，缩小粉尘影响范围，及时回填，减少粉尘影响时间。多余弃土根据总体布置尽量回填于低凹处，注意土石方挖填平衡。开挖弃土堆应充分洒水，避免产生扬尘。

（2）建筑物料的运输造成的道路扬尘。水泥和混凝土运输应采用密封罐车。采用敞篷车运输时，应将车上物料用篷布遮盖严实，防止物料飘失，避免运输过程产生扬尘。混凝土搅和过程中应加强管理，减少粉尘产生量。施工期应注意对受影响的施工人员做好防护措施，配备必要的劳保用品。

（3）施工机械、运输车辆排放的废气。施工期间燃油机械设备较多，对固定的机械设备，运行点在敏感点上风向 50m 范围以内，需安装烟尘除尘设备。对燃柴油的大型运输车辆、推土机，尾气排放量与污染物含量均较燃油车辆高，需安装尾气净化器，尾气应达标排放。运输车辆禁止超载，不得使用劣质燃料。对车辆的尾气排放进行监督管理，严格执行有关汽车排污监管办法、汽车排放监测制度、施工运输车辆排放气监测办法等。另外，施工道路应保持平整，设立施工道路养护、维修、清扫专职人员，保持道路清洁、运行状态良好。在无雨干燥天气、运输高峰时段，应对施工道路适时洒水，有条件可购置或租用洒水车喷水降尘。

（4）施工物料的堆放、装卸过程产生的扬尘。材料仓库和临时材料堆放场应防止物料散漏污染。仓库四周应有疏水沟系，防止雨水浸湿，水流引起物料流失。运输车辆应入库装卸，临时堆放场应有遮盖篷遮蔽，防止物料飘失污染环境空气。

（二）运营期

（1）锅炉燃烧废气。对于天然气锅炉，燃烧后只产生少量的二氧化硫、氮氧化物等大气污染物，对周围环境影响很小，可直接进行排放。对于燃煤锅炉，主要污染物有氮氧化物、二氧化硫、灰渣和烟尘等，需要对废气及粉尘进行处理后再排放。

（2）对于有餐饮功能的公共建筑（如食堂），一般设有通风排气措施，炉灶上方设置带机械排风和油烟过滤器的吸排油烟机，以减轻油烟污染环境，故可以不予考虑。燃料废气和厨房油烟。产生的油烟可经油烟净化装置净化处理后，与燃料废气一同通过建筑公共排烟通道高空排放。

（3）汽车尾气。汽车在启动、停车、慢速行驶等情况下排放的汽车尾气浓度最高，主要污染物为 NO_x、CO、C_nH_m。对于地上停车场来说，因地势较开阔且车位分布较分散，可在地面上种植大面积绿色植被如垂柳、榆树、槐树等，用来吸附汽车废气的排放，降低地面汽车废气对周围环境的影响。对于地下停车场来说，可通过安装排风装置，加强通风，特别是在上下班高峰期，增加换气率，各排放设备必须全部开启，增加换气率，产生的废气通过建筑公共排烟管道引至楼顶高空排放，并在四周地面种植大面积的绿色植被，减少有害气体对人体的影响。

（4）恶臭废气。项目建成后恶臭废气主要来自垃圾收集点中有机物的腐败分解，是多组分、低浓度化学物质形成的混合物，其主要成分为氨、硫化氢和甲硫醇等脂肪族类物质。项目建成后，应将建筑物产生的生活垃圾分类置于垃圾箱内，每日定时由物业管理清理到垃圾收集站，再由环卫部门负责清运。垃圾箱和垃圾收集站定期消毒清洗，垃圾收集站应远离居民住宅区。

三、声环境主要影响评估

（一）建设期

项目建设期产生的噪声主要是基础工程施工、主体结构施工、屋面工程施工等阶段由各种施工机械产生的噪声，包括：

（1）项目土石方工程阶段。噪声源主要为挖掘机、推土机、装载机、翻斗车以及各种运输车辆等各种施工机械。

（2）项目基础施工阶段。主要噪声源是打桩机、风镐等固定噪声源，其中以打桩机为主要噪声源。

（3）结构施工阶段。公共建筑施工使用的施工设备品种较多，主要噪声源有结构工程设备如混凝土搅拌机、振捣棒、水泥搅拌机等，各种运输设备如汽车、吊车、塔式吊车、运输平台等；结构施工一般辅助设备如电焊、电锯、砂轮锯等，噪声多为撞击声。此阶段应是重点控制噪声的阶段之一。

（4）装修阶段一般占总施工时间比例较长，但噪声源数量较少，强噪声源更少。主要噪声源包括砂轮机、电钻、电梯、吊车、切割机等。建设期采用的噪声污染防治措施一般包括：

1）人为噪声的控制。施工现场提倡文明施工，建立健全控制人为噪声的管理制度。尽量减少人为的大声喧哗，增加全体施工人员防噪声扰民的自觉意识。

2）强噪声作业时间的控制。凡在居民稠密区进行强噪声作业的，应严格控制作业时间。一般晚间作业不应超过 22:00，早晨作业不早于 6:00，特殊情况需连续作业（或夜间作业）的，应尽量采取降噪措施，事先做好周围群众的工作，并报有关主管部门备案后方可施工。

3）强噪声机械的降噪措施。

①牵扯到产生强噪声的成品、半成品加工、制作作业（如预制构件，门窗制作等），应尽量放在工厂、车间完成，减少因施工现场加工制作产生的噪声。

②尽量选用低噪声或备有消声降噪声设备的施工机械。对于机械运行场界达不到施工场界噪声限制的机械设备，附近应设声屏障或隔声棚。

4）加强施工现场的噪声监测。加强施工现场环境噪声的长期检测，采取专人管理的原则，根据测量结果填写建筑施工场地噪声测量记录表，凡超过施工场界噪声限值标准的，要及时对施工现场噪声超标的有关因素进行调整，达到施工噪声不扰民的目的。

（二）运营期

（1）交通噪声。主要为车辆噪声。加强进出车辆的管理，采取必要的管理措施：如限速在 30km/h 以内，禁止鸣笛；合理设置进出通道，降低车辆拥挤程度，车流出入口与城市道路交叉口要保证 70m 以上距离；保证室外道路平整，避免车辆在行驶中产生意外噪声等。在停车场的设计上，应该尽量避开办公区、休息区和人员经常活动区，以减少交通噪声产生的影响。

（2）社会生活噪声。主要来自娱乐、体育、游行、庆祝、宣传等活动产生的噪声。运营过程中应限制项目场地内的商业噪声源，禁止商家使用高音喇叭招徕顾客；加强环境宣传教育，加强项目物业管理和公众参与、监督，一旦发现噪声扰民或有关投诉，应积极采取措施消除影响。

（3）配套设备噪声源主要为高压泵房、配电室、电梯房等运转产生的噪声。可在设备机房内吊顶和墙面做隔声、吸声处理，机房门边用高隔声性能隔声门；对于安装在楼层顶部室外的设备机组，应增设消声器、消声百叶，必要时设置隔声吸声屏等措施；对于空调通风系统，应合理选用和配置消声器、消声弯头、消音静压箱等消声装置，并控制管道内的气流速度，以避免气流再生噪声的影响。

四、固体废物主要影响评估

（一）建设期

（1）清场废物处置。主要是无机废物、边角料和废弃料，如混凝土块、废弃的砖瓦等，除施工清场的树木、农作物、杂草除部分可作为肥料外，其余应及时清运。

（2）施工弃土处置。地基开挖的废土除部分回填外，应统一规划处置，对弃土应设立堆土场，进行集中处置。

（3）施工生产废料处理。首先应考虑废料的回收利用。对钢筋、钢板、木材等下脚料可分类回收，交废物收购站处理。对建筑垃圾，如混凝土废料、含砖、石、砂的杂土应集中堆放，定时清运，以免影响施工和环境卫生。

（4）施工生活垃圾处置。如施工人员集中，生活垃圾需增加处理设施和加强管理。施工人员租用民房应按当地垃圾管理办法处理，人员较多时可增设垃圾筒，及时清运。施工区宿营地无垃圾堆放点，应自建垃圾箱和垃圾堆放点。垃圾箱宜采用全封闭垃圾箱。临时垃圾堆放点应有沟道相通，以防浸出液浸流。垃圾点内不得排放生活污水，垃圾堆放场不得作为临时储装地。垃圾箱、垃圾点不得倾倒建筑垃圾，应指派专人定期将垃圾定时清运至垃圾处理场（站）。生活垃圾应尽可能分类堆放。施工人员若住民房或自建宿舍，应建简易厕所。简易厕所尽量建成有冲洗水和粪便回收装置的流动厕所。如需建化粪池的应定期消毒，杀虫灭蝇，定期清运。

（二）运营期

运营期固体废物主要是生活垃圾。对于生活垃圾，应建立完善的垃圾管理制度，明确责任，定时清扫，定时收集，注意要对有可能利用的废物尽量循环和回收利用。对于列入《国家危险废物名录》的固体废物，应注意必须要按照相关规定进行处置，不得随意倾倒、堆放。

五、生态景观主要影响评估

（一）建设期

建设期项目对生态造成的主要影响为施工弃土、修路及其他施工扰动地面，破坏表土耕作层及地表植被，如果施工期间不及时进行处理，容易造成水土流失及扬尘、扬沙等。此外，施工弃土若乱堆乱放，占压土地，还会对周围的土地利用产生不利影响。因此，在施工期中应注意对生态环境的保护，可采取的主要措施有：

（1）在工地周围应设围栏与外界相分隔。围栏可以用统一、整洁的材料分隔，也可以树立广告招牌的形式分隔，或种植一定的树木遮掩，以保护已建成区域的整体面貌。

（2）主体工程完成后应尽快完成清场、绿化等配套工程，使之与周围的环境协调统一。

通过采取这些措施，尽量将项目建设期对环境的影响降到最低限度，且随着建设期的结束，各影响要素也会消失，对周围环境影响不大。

（二）运营期

运营期对区域生态环境的影响主要表现在景观变化、土地利用方式的改变方面。项目建成后，原有景观将转变为由不同功能、不同风格的建筑物所构成的城市建筑景观，形成典型的城市景观风貌，使得项目区景观的异质性更加的丰富。此外，项目建成后，还应注重加强建设项目绿化，充分利用空闲地，运用道路绿化、广场绿化、园林绿化等相结合的形式，尽可能提高场地绿化率，改善环境。

六、环境和资源保护影响评价指标体系

投资建设项目环境影响评估指标主要为水环境、空气环境、声环境、土壤环境、生态环境、固体废弃物、特殊环境质量指标、地质灾害影响程度及其他影响。

环境影响评价指标　　表 6-1

影响因素	具体指标	可量化的评价因子	指标判断要求及依据
水环境	地表水、地下水	水污染物排放强度、排放量；废水排放去向、排放量；地表水水质达标率；地下水水质达标率；集中式饮用水源地水质达标率；污水处理率	《地表水环境质量标准》（GB 3838—2002）； 《地下水质量标准》（GB/T 14848—2017）； 《生活饮用水水源水质标准》（CJ 3020—1993）； 《生活饮用水卫生标准》（GB 5749—2006）； 《污水综合排放标准》（GB 8978—1996）
空气环境	大气环境质量	空气质量达标天数；空气污染排放量；城镇环境空气质量达标率；废气处理率	《环境空气质量标准》（GB 3095—2012）； 《大气污染物综合排放标准》（GB 16297—1996）
声环境	噪声及振动	城市交通干线噪声达标率；居民区环境噪声达标率	《声环境质量标准》（GB 3096—2008）
土壤环境	土壤肥力、土壤沙化、土壤流失情况	耕地土壤环境质量达标率	《土壤环境质量农用地土壤污染风险管控标准（试行）》（GB 15618—2018）
生态环境	基本农田、水土流失情况、生态多样性破坏	基本农田数量；水土流失率、防治标准；绿化覆盖率；生态多样性指数	《中华人民共和国水土保持法》（2010 年 12 月修订） 《中华人民共和国基本农田保护条例》（1998 年 12 月）； 《生产建设项目水土流失防治标准》（GB/T 50434—2018）

续表

影响因素	具体指标	可量化的评价因子	指标判断要求及依据
固体废弃物	固体颗粒、垃圾、炉渣、污泥、废弃的制品、破损器皿等	固体废物产生量；固体废物综合利用率；危险废物安全处置率；危险废物产生量	《中华人民共和国固体废物污染环境防治法》；《危险废物贮存污染控制标准》(GB 18597—2001(2013修订)；《一般工业固体废物贮存、处置场污染控制标准》(GB 18599—2001)
地质灾害	崩塌、滑坡、泥石流、地裂缝、土地沙漠化及沼泽化、土壤盐碱化等	崩塌、滑坡、泥石流、地裂缝、土地沙漠化及沼泽化、土壤盐碱化程度	执行《地质灾害防治工程勘查规范》(DB 50143—2003)
特殊环境	风景名胜、自然景观、历史文化遗产、古木、墓地	风景名胜、自然景观、历史文化遗产、古木等影响污染程度	《中华人民共和国文物保护法》(2017年11月修正)；《中华人民共和国自然保护区条例》(2017年10月修订)；《风景名胜区管理通用标准》GB/T 34335—2017
其他影响	火灾、洪涝灾害	危化品安全防护距离、水土流失率、工程技术设计等	《中华人民共和国水土保持法》；《生产建设项目水土流失防治标准》(GB/T 50434—2018)

【例6-1】某省高校新校区建设项目

项目概况：项目建设用地为城市规划的教育科研用地，用地面积约100hm^2(1500亩)，选址周围环境良好，交通便利，主要建设教学楼、图书馆、教学陈列馆、学术交流中心、专职科研机构用房、风雨操场、体育馆、学生活动中心、学生公寓、食堂、教工公寓、留学生生活用房及后勤楼等主要工程，以及区域内配套管线铺设、室外体育运动场建设、校内场地硬化、景观绿化等。

根据项目建设的特点，本工程的环境影响因素可分为两个阶段，即工程建设期和运营期。

1. 建设期环境影响

(1) 大气环境影响：物料的运输、装卸、拌和过程中有大量的粉尘散落到周围大气中；建筑材料堆放期间在风力作用下会产生扬尘污染；土方工程、裸露地面等扬尘。

（2）水环境影响：建设期废水主要是施工人员的日常生活污水和建筑施工废水。建筑施工废水主要污染因子为SS，评价要求设置沉淀池，经澄清后回用。施工人员生活污水主要污染因子为COD_{Cr}、BOD_5、SS等。

（3）固体废物影响：建设期产生的固体废弃物主要包括施工人员的生活垃圾，施工废渣土，及废弃的各种建筑装饰材料等建筑垃圾。

（4）声环境影响：主要是设备噪声和机械噪声。设备噪声多来自推土机、装载机等设备的发动机噪声及电锯噪声；机械噪声主要是打桩机锤击声、机械挖掘土石噪声、搅拌机撞击噪声、装卸材料碰击噪声、拆除模板及清除模板上附着物的敲击声。

（5）生态环境：工程建设过程中会带来地表植被破坏、土壤结构被干扰等不利影响，对当地生态产生一定的影响。

2. 运营期环境影响

（1）大气环境影响：营运期主要大气污染物为食堂废气、汽车尾气及实验室废气。

（2）水环境影响：本项目运营期间产生的废水主要为生活污水、食堂废水、实验室废水、校医院医疗废水。

（3）产生的固废主要是生活垃圾、食堂餐厨垃圾、实验室废弃物、校医院医疗垃圾等。

（4）声环境影响：本项目营运期噪声主要包括供水水泵噪声、地下停车场风机噪声、换热站噪声、燃气调压站噪声、汽车噪声等。

评估分析：该项目预防或者减轻不良环境影响的对策和措施重点包括以下几个方面。

1. 建设期

（1）大气污染物：建设方应严格按照《关于加强建筑施工扬尘排污费核定征收工作的通知》（晋环发〔2010〕136号）和《防治城市扬尘污染技术规范》（HJ/T393）中相关要求，对施工现场及物料堆场采取洒水灭尘和篷布覆盖、设置围防护栏等，以便有效地降低施工扬尘对周围环境空气的影响，使施工期建设工地扬尘污染降至最低。

（2）废水：施工废水中主要污染物为悬浮物，施工废水经沉淀池沉淀后用于施工场地和道路喷洒抑尘，不外排。生活污水污染以有机污染为主，产生量较少，生活污水经化粪池后排入市政污水管网。建设期对水环境影响小。

（3）噪声：采用低噪声设备、合理安排施工时间和施工机械位置，在人们休息的午间和夜间应避免或禁止施工，加强对施工场地的噪声管理等，减小施工噪声的影响范围和程度。

（4）固废：施工中产生的建筑垃圾应及时运至指定点妥善处置，不能随意抛弃、转移和扩散。施工人员的生活垃圾收集到指定的垃圾箱（桶）内，送往某市环卫部门制定的垃圾处理场。固废得到妥善处置后，不会对周围环境产生明显影响。

2. 运营期

（1）大气：本项目食堂设置油烟净化；汽车尾气的控制主要是通过加强管理，在运营时应注重加强院内车辆出入及停靠管理，减小车辆在路面的滞行时间，减小尾气排放对环境空气质量的影响。实验室采取专业设计，废气排放量较小。

（2）废水：本项目生活污水入市政污水管网，食堂废水经隔油处理后入市政污水管网，实验室废水和医疗废水均经预处理后排入市政污水管网。校区学生公寓及教师公寓污废分流，洗浴废水收集后经处理回用作为冲厕水。不会对地表水体产生大的影响。

（3）噪声：通过采用低噪声设备、采用柔性接头、封闭处理、加强管理等，将设备噪声的不利影响降到最低限度。

（4）固废：生活垃圾、餐厨垃圾统一收集后运至环卫部门指定的垃圾处理场处理，实验室废物和校医院医疗废物均由有相应资质的单位处理处置。

第四节 评估结论

经过对建设项目的建设概况、区域环境质量现状、污染物排放情况、主要环境影响、环境保护措施等内容进行分析论证，结合当地环境质量目标要求，可通过以下几个方面对建设项目的环境影响可行性得出结论：

（1）是否符合国家相关法律法规、环境标准以及区域环境与生态规划。

（2）项目可研阶段对主要污染源排放种类和数量分析是否全面、合理。

（3）拟采取环保措施能否达到技术可行性、经济合理性、长期稳定运行和达标排放的可靠性，是否满足环境质量与污染物排放总量控制要求。

（4）对存在重大环境制约因素、环境影响不可接受或环境风险不可控、环境保护措施经济技术不满足长期稳定达标及生态保护要求、区域环境问题突出且整治计划不落实或不能满足环境质量改善目标的建设项目，一般应提出环境影响不可行的结论。

第七章

节 能 评 估

节能评估，是指根据节能法规、标准，对固定资产投资项目的能源利用是否科学合理进行分析评估，并编制节能评估报告书、节能评估报告表或填写节能登记表的行为。节约能源是我国的基本国策，十九大报告中指出“建设生态文明是中华民族永续发展的千年大计”。党的十九大以来，随着社会主要矛盾内涵的转变，改善民生成为发展的根本目的。这就意味着，未来各级各类公共事业将蓬勃发展，特别是教育、医疗、科技和文化等公共服务范围扩大，能源资源消费需求刚性增长。在政府投资的公共建筑建设项目中加强节能评估工作，不仅是生态文明建设的重要组成部分，同时也有利于充分发挥公共机构在全社会节能中的示范引领作用，提升能源资源利用效率，推进能源资源节约循环利用，实现可持续发展。

第一节 评估依据

一、国家法律法规、发展规划及相关政策规定

开展政府投资公共建筑项目的节能评估工作，首要的依据是与建筑节能相关的国家及地方法律、法规、规划、行业准入条件、产业政策等。如《中华人民共和国节约能源法》《公共机构办公区节能运行管理规范》（GB/T 36710—2018）、《民用建筑节能条例》（国务院令第530号）、《节能中长期专项规划》（发改环资〔2004〕2505号）、《公共机构节约能源资源十三五规划》等。

其次，节能评估工作还应关注最新的节能技术、产品推荐目录，国家明令淘汰的用能产品、设备等目录。如《国家重点节能低碳技术推广目录》《国家重点节能技术推广目录》等。

二、相关行业标准与规范

项目节能评估工作应依据行业法律法规、标准、规范及相关规定，包括：

（1）国家及项目所在地区建筑节能标准、绿色建筑标准、可再生能源利用技术标准等。如《公共建筑节能设计标准》（GB 50189）、《绿色建筑评价标准》（GB/T 50378）、《建筑节能工程施工质量验收规范》（GB 50411）等。

（2）建筑、电气、暖通、给水排水等相关设计规范。如《建筑照明设计标准》（GB 50034）、《城镇供热管网设计规范》（CJJ 34）、《工业建筑供暖通风与空气调节设计规范》（GB 50019）等。

（3）电气、暖通、给水排水等相关建筑耗能设备的能效等级、节能技术、节能产品等技术标准。如《综合能耗计算通则》（GB/T 2589）、《用能单位能源计量器具配备和管理通则》（GB 17167）等。

三、项目支撑性文件

固定资产投资项目节能审查意见是项目开工建设、竣工验收和运营管理的重要依据。根据《固定资产投资项目节能审查办法》（发改委 2016 年第 44 号令），政府投资项目，建设单位在报送项目可行性研究报告前，需取得节能审查机关出具的节能审查意见，固定资产投资项目节能评估按照项目建成投产后能源消费量实行分类管理，分类管理的标准如表 7-1 所示。因此，在政府投资的公共建筑项目进行节能评估前，应注意核实项目节能审查意见的办理情况。

固定资产投资项目节能评估分类管理标准 表 7-1

类别	适用范围
应单独编制节能评估报告书	年综合能源消费量 3000t 标准煤以上（含 3000t 标准煤，电力折算系数按当量值），或年电力消费量 500 万 kW·h 以上，或年石油消费量 1000t 以上，或年天然气消费量 100 万 m^3 以上的固定资产投资项目
应单独编制节能评估报告表	年综合能源消费量 1000 ～ 3000t 标准煤（不含 3000t），或年电力消费量 200 万～ 500 万 kW·h 时，或年石油消费量 500 ～ 1000t，或年天然气消费量 50 万～ 100 万 m^3 的固定资产投资项目
应填写节能登记表	除上述两类规定以外的项目

另外，节能评估过程中还应注意与项目有关的能源供应协议等文件。

第二节 评估原则

一、专业独立

节能评估是一项专业技术性较强的工作，评估过程中评估机构应当立足自身评估技术和知识水平客观、公正地进行独立评估。评估中必须配备具有相应专业技术资格的咨询人员，熟悉节能评估工作的内容深度要求、技术规范、评价标准和程序方法等，具备分析和评估项目能源利用状况、提出有效节能措施、核算项目能源消耗总量、判断项目能效水平的专业能力。

二、数据可靠

从项目实际出发，对项目相关资料、文件和数据的真实性做出分析和判断，本着认真负责的态度对项目用能情况等进行研究、计算和分析，给出评估参照体系，确保评估结果的客观和真实。当项目单位提供的项目可行性研究报告等文件中的资料、数据等能够满足节能评估的需要和精度要求时，应通过复核校对后引用；不能满足要求时，应通过现场调研、核算等其他方式获得数据，并重新核算相关指标。

三、绿色发展

节约能源资源既是绿色发展的组成部分，也是助推绿色发展的重要举措。在政府投资公共建筑项目的节能评估工作中，必须从绿色发展的角度，统筹考虑投资项目建设的资源、能源节约与综合利用以及生态环境承载力等因素，在建筑物的全寿命期内最大限度做到节能、节地、节水、节材。通过节能评估工作，推动公共建筑实现绿色建设和绿色使用，为全社会的绿色发展发挥积极作用。

四、全周期覆盖

为实现建设项目的全面系统节能，应对涵盖建设期、运营期的项目周期全过程进行节能评价。

第三节　评估要点

因具体项目的行业特点及项目规模差异，不同类别的项目能耗、节能重点和措施需要考虑不同的评估重点，对项目用能概况、能源供应情况、项目建设方案节能、项目能源消耗及能效水平、节能技术及管理措施、节能措施效果及节能措施经济性等问题进行详尽分析。

一、评估前置条件及审查权限

固定资产投资项目节能评估文件及其审查意见、节能登记表及其登记备案意见，作为项目审批、核准或开工建设的前置条件以及项目设计、施工和竣工验收的重要依据。未按规定进行节能审查或未通过审查的固定资产投资项目，项目审批、核准机关不得审批、核准，建设单位不得开工建设，已建成的不得投入生产、使用。实行审批或核准制的固定资产投资项目，建设单位应在报送可行性研究报告或项目申请报告时，一同报送节能评估文件提请审查或报送节能登记表进行登记备案。

节能评估文件的审查，按照项目批准或核准的管理规定实施分级管理，具体管理权限见表 7-2。

节能评估文件分级审查表　　表 7-2

项目类别	审查管理规定
（1）由国家发展和改革委员会审批或核准的项目 （2）由国家发展和改革委员会报国务院审批或核准的项目	由国家发展和改革委员会负责节能审查
（1）由地方政府发展改革部门审批或核准的项目 （2）由地方政府发展改革部门备案的项目 （3）由地方人民政府发展改革部门核报本级人民政府审批或核准的项目	由地方人民政府发展改革部门负责节能审查
按照省级人民政府有关规定实行备案制的固定资产投资项目	按照项目所在地省级人民政府有关规定进行节能评估和审查

二、常用评估方法

（一）政策导向判断法

该方法主要适用于项目政策符合性分析，需要根据国家及地方相关节能法律法规、政策及相关规划，结合项目所在地自然条件对项目用能方案进行分析评价。

（二）标准规范对照法

该方法适用于项目用能方案、建筑热工设计方案、设备选型、节能措施等方面的评价，需要对项目执行的节能标准和规范进行分析评价，特别是强制性标准规范及条款应严格执行。

（三）专家判断法

该方法适用于项目用能方案、技术方案、能耗计算中经验数据的取值、节能措施的评价。利用专家的专业知识、经验和技能，来判断节能方案和措施的优劣，在缺少标准和类比工程的情况下可使用该方法，并且应将专家组意见作为结论附件列入评估报告。

（四）能力平衡分析法

该方法适用于能耗计算与节能措施的选择，需要根据项目能量平衡的结果，对项目用能情况全面系统分析，明确项目能量利用效率，能量损失的大小、分布及生产的原因，评价节能措施。

三、项目用能情况及能源供应条件分析

（一）项目用能情况分析

核实项目消耗的能源、能耗工质种类及年消耗量，并对项目用能分布情况进行分析：

（1）综合分析能源品种。根据国家和项目所在省（市或自治区）的相关节能与环保政策，本着节能、环保、因地制宜的原则，结合项目用能特点、能源使用效率和周边资源、能源供应条件等具体情况进行综合分析。

（2）分别分析项目消耗各类能源及耗能工质的用能分布情况。参考《综合能耗计算通则》规定值，核算各种能源及耗能工质折标煤系数。对于包含多个建筑或建筑群的项目，除项目年综合能耗外，还应分别对各单体建筑或建筑功能区年综合能耗进行核算。

（3）对于改、扩建项目，还应分析既有项目的用能情况。

（二）项目能源供应条件分析

根据项目提供的能源供应方案以及能源供应协议等，或通过实地具体调查，对项目所在地周边区域的电力、市政热力、天然气、自来水、中水等供应情况以及供应条件进行分析，并对项目能源供应具体的接引方案进行评估。

其中供电方案应重点分析项目所在地周围区域变电站、开闭所及其电压等级、供电可靠性、接引条件等，明确项目接引几路电源、接引电源电压等级、接引电源是否独立、是否为专线、不同电源的运行方式等；供暖方案应重点分析项目所在地周围区域热源类型（如热电厂、区域燃气或燃煤炉房等），明确项目市政热力管网条件、从何处接引、接引热源的热力参数等；供气方案应重点分析项目所在地周围区域天然气市政条件、从何处接引等；供水方案应重点分析项目所在地周围区域市政自来水、再生水管网条件，并明确项目从何处接引、水量和水

压参数等；说明雨水、污水市政排放条件。

另外，对于周边有废热、余热或可利用自然能源的，还应分析项目是否具备利用条件。

四、项目建设方案节能措施评估

为了使项目在节能评估工作中达到更好的效果，应先对项目的建筑、暖通、给水排水、电气等方案内容进行了解，并逐条分析建筑、暖通、给水排水、电气方面采取的节能措施，对各条节能措施的节能效果进行评估后，核算节能量并折标煤。评估后，如果项目各方案采纳了评估提出的在节能方面存在问题的意见，需再对各条节能措施的节能效果进行评估，测算节能量并折标煤，并对各条节能措施进行经济性评估。

（一）项目建筑方案节能措施评估

从项目总平面布局、建筑内部功能布局、自然通风、自然采光、围护结构等方面，需要对项目的建筑设计方案进行全面、详细的了解，具体包括：

（1）项目的所在气候区、使用功能及所在地规划要求；项目的整体设计原则和理念:项目主要依据的各专业相关设计规范、节能标准、绿色建筑评价标准等。

（2）项目的选址、总平面布局、建筑主体朝向等情况。

（3）项目各单体建筑的内部空间布局、各功能区划分、建筑面积、建筑外立面造型、建筑高度、建筑层数及层高等。

（4）项目在自然通风、自然采光方面采取的节能设计。

（5）各单体建筑的结构形式及使用的建筑材料。

（6）各单体建筑围护结构设计指标，主要包括体形系数、各朝向窗墙比、传热系数、热惰性、遮阳系数、外窗可开启面积比、屋顶透明面积比、门窗气密性等；围护结构各部位做法及主要热桥部位做法。

（7）说明项目在建筑设计方案上采取的其他节能措施，如种植屋面、垂直绿化、外遮阳、下沉庭院等。

（8）有特殊功能或工艺要求的房间或区域，如洁净室、手术室、数据机房、实验室等的节能设计方案。

经过了解，根据项目功能特点、用能需求、所在气候区等，对项目建筑设计方案的节能措施进行评估，通过发现项目建筑设计方案在节能方面存在的问题，从而提出有针对性优化改进建议或节能措施。评估主要从以下几方面进行：

（1）建筑总平面布局评估。包括：建筑朝向是否适宜；建筑体型是否有利于节能；是否有效利用了场地的地形、水系、植物等自然条件；是否采取措施提高空间利用效率，如设施和空间的共享等；是否形成良好的风场及日照环境，有利于自然通风及天然采光。

（2）建筑内部空间布局评估。包括：内部空间布局是否合理；人员长期使用空间是否布置在有良好日照、采光和通风的位置，房间布局是否有利于引导穿堂风、避免单侧通风；热湿环境要求相同或相近的空间是否集中布置；设备机房是否靠近负荷中心。

（3）建筑天然采光设计评估。包括：外窗面积和位置是否合理，是否可为室内提供充足的天然采光；是否合理采取了中庭采光、采光天窗、采光井等措施加强室内的天然采光；是否合理设置导光管、反光板等设施提高采光效果；是否合理设计下沉庭院、半地下室等给地下空间提供天然采光。

（4）建筑自然通风设计评估。包括：外窗可开启的面积和位置是否合理，是否有利于引导穿堂风，为室内提供充足的自然通风条件；玻璃幕墙是否有可开启部分，或设置其他通风换气装置；设有中庭的建筑，中庭的上部是否设置有可开启外窗，以引导热压通风和热空气的有效排除；是否合理采取自然通风器、拔风井、导风墙等自然通风措施；是否合理设计下沉庭院、半地下室、通风井等给地下空间提供自然通风。

（5）建筑围护结构性能评估。主要评估围护结构设计性能指标的合理性、先进性及节能效果，包括：热工性能数值是否符合或优于国家和地方的节能设计标准的要求；围护结构各部位做法是否合理，热工性能数值是否与做法对应；主要热桥部位的做法是否合理有效；是否合理采用屋顶绿化、浅色屋面、架空屋面、垂直绿化等措施以提高建筑的保温隔热性能；是否合理设置外遮阳设施，外遮阳选型是否合理，外遮阳是否可调。

（6）特殊功能或工艺要求的房间、建筑的节能评估。对于特殊功能或工艺要求的房间或区域，应从节能角度评估建筑设计方案是否符合其工艺特点及使用功能要求。

（二）项目暖通方案节能措施评估

首先，从冷/热源、供暖、空调、通风四个方面对设计方案进行详细了解，具体包括：

（1）冷/热源：项目全年各区域的冷、热负荷特性；项目采用空调供暖的冷/热源形式、选用原则及使用条件；主要设备的配置原则、容量与台数及运行控制方式；冷/热源设备机房的位置；项目采用特殊冷/热源形式，如地源热泵、余热、蓄能、冷热电三联供、天然冷/热源等。

（2）供暖：室外空气计算参数、室内空气设计参数、各区域供暖热负荷、供热量估算；项目供暖范围、热媒参数；供暖系统形式及管道敷设方式；供暖末端设备类型；项目室内温度控制及供热计量方式；管道材料及保温材料的选择；当采用蒸汽做热媒时蒸汽凝结水回用方式；设有值班供暖时的情况。

（3）空调：室外空气计算参数、室内空气设计参数、各区域空调冷、热负荷的估算；空调冷冻水、冷却水系统形式；空调末端形式；空调风系统及必要的气流组织；对于采用其他空调系统如多联机系统等的选用原则、系统划分、运行方式及室外机布置方案；冷、热量计量的设置；空调自动控制系统设计；管道的材料及保温材料的选择；空调系统主要设备如冷却塔、水泵、空调机组、风机盘管等的选择，及相关设备的布置位置。

（4）通风：项目设置机械通风的房间或区域；各通风系统的形式、换气次数和风量平衡；通风系统设备的选择；各通风系统的控制方式。

根据项目功能特点、用能需求、所在气候区、周边能源供应条件等，对冷热源、供暖、空调、通风设计方案进行节能评估，针对项目在暖通设计方案在节能方面存在的问题，提出有针对性优化改进建议或节能措施。评估主要从以下几方面进行：

（1）冷/热源评估

1）冷/热源的选择是否合理，与建筑规模、建筑的冷热负荷特性是否匹配。有条件时应优先考虑采用周边余热及自然冷源等，并综合考虑资源情况、环境保护、能源的高效率应用、建筑规模、使用特征、结合所在地区的能源政策、技术经济等因素。

2）冷 / 热源设备容量、台数配置及运行控制方式是否满足最大负荷的需要，是否适应全年负荷的变化，在低负荷时是否能保证节能运行。

3）冷 / 热源设备机房布置位置是否合理。

（2）供暖方案评估

1）供暖系统热媒的选择是否合理。

2）供暖系统的分区设置是否合理。

3）是否合理设置室温自动调节装置。

4）热计量方式设置是否合理。

（3）空调方案评估

1）空调风系统的设置是否合理，是否符合房间或区域的负荷特性。

2）空调冷冻水、冷却水系统的设置是否合理。

3）过渡季或冬季是否充分考虑采用自然冷源。

4）空调系统是否充分考虑余热回收利用。

5）计量及拉制系统设置是否完善。

6）主要设备的选型是否合理。

7）对于特殊功能或工艺要求的房间或区域，应从节能角度评估空调设计方案是否符合其工艺特点及使用功能要求。

（4）通风方案评估

1）通风系统换气次数、布置方式是否合理。

2）通风设备的选型是否合理。

3）通风系统的控制方式是否合理，如地下车库合理采取一氧化碳浓度自动控制等。

（三）项目给水排水方案节能措施评估

首先，从给水、排水、热水系统等方面对设计方案进行详细了解，具体内容包括：

（1）市政条件：市政给水、再生水的接口位置、数量、管径、水压；市政雨水、排水的接口位置、数量、管径、标高。

（2）市政给水、再生水系统设计：给水、再生水等系统的分区、压力控制要求及采取的措施；加压供水设备的选型；用水量估算。

（3）热水系统：热源形式；热水量及耗热量估算；热水循环系统形式；供热设备选型；太阳能热水系统方案。

（4）雨水、排水系统：排水系统形式；排水量估算；项目所在地的常年降雨资料及雨水利用措施。

（5）器具及设备选择：卫生器具的设备选择；项目内设有公共浴室时对淋浴热水供应系统、节水型淋浴器的选用。

（6）计量要求：计量装置的设置位置（根据使用用途及管理要求设置）；计量装置选择。

根据项目功能特点、用能需求、周边能源供应条件等，对给水、热水系统设计方案进行节能评估，针对项目给水排水设计方案在节能方面存在的问题，提出有针对性的优化改进建议或节能措施。评估主要从以下几方面进行：

（1）供水系统方案评估：是否充分利用市政压力；是否进行了合理分区；是否采用了节能加压供水设备；供水泵选择是否合理，水泵是否在高效区运行；用水点压力是否进行控制并采取了相应措施；用水指标是否选用合理；是否合理采取雨水回收利用措施；是否合理设置再生水系统。

（2）热水系统方案评估：是否设有集中热水供应系统；热源选择是否优先采用了余热、冷凝热等；当有全年供应的城市热网或区域锅炉时是否将其作为生活热水的热源；是否有条件采用太阳能热水系统，太阳能热水系统容量设计是否合理；管路及设备是否采用合理的保温措施；热水用水点是否在限定的时间内流出满足设计温度的热水；公共浴室是否采用了恒温混合阀或设备的单管供水系统，或采用带恒温混合阀的淋浴器：是否采用刷卡供水管理方式。

（3）器具及设备选择评估：是否采用节水卫生器具；是否采用了节能设备。

（4）用水计量设置方案评估：是否对厨卫用水、设备补水、绿化景观用水等不同用途的供水分别统计用水量。

（5）是否采取有效措施避免管网漏损；绿化灌溉是否采用高效节水灌溉方式；空调设备或系统是否采用节水冷却技术；景观水体的补水是否采用非传统水

源或自然地表水体；地面以上排水是否采用重力直接排至室外。

（四）项目电气方案节能措施评估

首先，从开闭所及变电所设置，变压器容量及台数的配置，高低压配电系统组成及配电形式等方面对电气方案进行详细了解，主要包括：

（1）项目设计依据的主要设计规范、节能标准、绿色建筑评价标准等，以及项目的市政电网接引条件。

（2）项目设计范围和内容、拟设计的电气系统，以及用电要求（含电能质量）、负荷等级、供电半径。

（3）按照空调机组、水泵、通风、照明、插座、电梯、厨房动力、工艺设备等分项进行估算的电力负荷。

（4）供电电源及电压等级，变配电所布局及各所供电范围，各配电所正常电源、备用电源及应急电源容量。

（5）各变配电所变压器、发电机的台数及容量的配置原则及配置方案，以及各变压器供电范围、全年运行方式及负载率设计目标。

（6）供配电系统无功功率补偿方案及补偿要求。

（7）项目存在较大工艺用电负荷情况时是否专设变压器供电。

（8）电能计量设置原则。

（9）项目各区域照明种类、照明标准、照明功率密度值，以及采用的光源、灯具的类型及效率等，各区域照明的控制方式。

（10）主要用电设备如冷水机钮组、水泵、电梯、工艺设备等控制方式。

（11）项目设置建筑设备控制系统情况，主要用能设备机房的设置情况，采用适用的自动化监测、控制系统及节能控制方式。

根据项目功能特点、用能需求、周边能源供应条件等，对电气设计方案进行节能评估，针对项目电气设计方案在节能方面存在的问题，提出有针对性的优化改进建议或节能措施。评估主要从以下几方面进行：

（1）变配电所布局是否合理、是否靠近负荷中心。

（2）供配电系统设计负荷估算是否正确，变压器、发电机的容量及台数的设置是否合理。

（3）变压器供电范围设置及运行方式是否节能，对于大容量季节性负荷是否采用专用变压器供电。

（4）是否采取无功补偿及谐波治理措施。当供配电系统谐波或设备谐波超出现行国家或地方标准的谐波限值规定时，是否对谐波源的性质、谐波参数等进行分析，并采取相应的谐波抑制及谐波治理措施。对于建筑中具有较大谐波干扰的设备是否现场设置滤波装置。

（5）备用电源设置是否合理，柴油发电机组容量配置是否与负荷容量匹配。

（6）配电设备及导体选择是否合理节能。

（7）照明设计中照度标准值确定是否合理，是否合理利用天然采光，并且根据天然采光条件和功能区域使用条件，采取合理的控制方式。

（8）是否选用高效照明光源、高效灯具及节能附属装置，地下车库照明、公共走廊照明、景观照明等是否采用节能光源，各类房间或场所的照明功率密度是否满足现行国家标准《建筑照明设计标准》规定要求。

（9）大功率用电设备控制方式是否节能，电气设备是否配备高效电机及先进控制技术的电梯，自动扶梯是否具有节能拖动及节能控制装置，电梯是否设置自动控制、集中调控和群控的功能等。

（10）是否设置用电分项计量。对电梯、动力站、给水排水设备、空调设备、照明设备等是否分别设置分项电能计量装置：对可再生能源发电是否设置分项计量装置。

（11）对复杂公共建筑是否设置建筑设备智能管理系统。

（12）是否有条件采取可再生能源利用措施。

（五）项目耗能设备能效水平评估

分析项目中采用的暖通设备表（含冷热源、供暖、空调、通风设备）、给水排水设备表、电气设备表（含变电所、照明、电梯、扶梯、楼宇电气设备等）。设备表应包含耗能设备的型号规格、容量、功率、数量及能效指标等。

对于有国家能效标准的设备如锅炉、通风机、单元式空调、多联式空调机组、电动机、清水离心泵、冷水机组、变压器等，应根据相应的国家能效标准进行能效水平的评估。

对于目前没有相关能效水平标准的设备，应采取类比分析法或专家判断法，必要时可向相关设备生产厂商详细了解设备的能效水平，进而评估分析设备能效水平处于国内何种水平。根据对项目耗能设备能效水平的评估结论，提出设备选型的建议。

（六）节能管理措施评估

（1）根据项目单位特点，按照《能源管理体系 要求》（GB/T 23331—2012）等的要求，有针对性地提出项目能源管理体系建设方案，以及能源统计、监控等节能管理方面的制度、措施和要求，包括节能管理机构和人员的设置情况等。

（2）按照《用能单位能源计量器具配备和管理通则》（GB/T 17167）等标准要求，评估项目能源计量器具配备情况，能源计量相关管理规定。

（3）政府投资公共建筑项目在进行节能评估中，还应注意严格遵守国家及地方关于公共机构的节能工作要求，如《公共机构办公区节能运行管理规范》（GB/T 36710）中规定：公共机构应当建立健全本单位节能运行管理制度和用能系统操作规程，加强用能系统和设备运行调节、维护保养、巡视检查，推行低成本、无成本节能措施；应当设置能源管理岗位，实行能源管理岗位责任制；应当对网络机房、食堂、开水间、锅炉房等部位的用能情况实行重点监测，采取有效措施降低；重点用能系统、设备的操作岗位应当配备专业技术人员等。

五、项目综合能耗及节能水平评估

（一）暖通系统能耗核算

根据项目节能评估后最终采取的设计方案、节能措施、设备的能效水平，对供暖、空调、通风系统能耗进行核算，核算内容包括以下几个方面。

（1）暖通能耗，包括供暖能耗、空调能耗及通风能耗。其中，项目供暖能耗量可根据热源效率、全年热负荷估算、使用时间、负荷系数及输配系统效率等进行计算；空调能耗包括冷 / 热源能耗、输配系统能耗和末端设备能耗，其计算能耗可结合空调设备选型的功率、运行时间、负荷系数及同时使用系数进行计算；

通风系统能耗应计算停车库、机房、库房、厨房、卫生间等风机能耗，估算方法可根据换气量单位风量功耗限制、风机功率、负荷系数及运行时间等估算年耗电量。

（2）供暖输配系统能耗按照设备选型中供暖水泵的功率、使用时间及负荷系数进行计算。

（3）供暖、空调负荷。按照公共建筑类型、各功能区特点，选择相应的冷、热负荷进行估算。

（二）给水排水系统能耗核算

根据本项目节能评估后最终采取的设计方案、节能措施、设备的能效，进行给水、生活热水、餐饮能耗核算，核算内容包括：

（1）给水排水系统能耗应包括给排水设备的能耗、生活热水能耗、餐饮能耗。生活热水能耗可根据不同使用条件的生活热水用水定额、使用人数或床位、座位数、加热设备冷热水温差计算平均时耗热量，根据使用时间，估算年耗热量，根据加热的能源品种和方式估算年能源消耗量。

（2）项目用水量，并以耗能工质形式计入项目综合能耗。根据用水定额、百分比、使用数量（人数或建筑面积）、小时变化系数、日变化系数、使用天数列表计算生活给水、中水、生活热水的最高日用水量、平均日用水量、最大时用水量、年用水量及中水原水量，用水定额应满足相关设计标准。

（3）加压给（中）水系统能耗，可根据估算的水泵功率与使用时间及使用系数估算能耗。

（三）电气系统能耗核算

根据本项目节能评估后最终采取的设计方案、节能措施、设备的能效，进行供配电系统能耗核算，核算内容包括以下几个方面。

（1）变压器及配电线路损耗：变压器损耗应结合其经常性负载率和损耗参数按照设计手册规定公式进行计算，配电线路损耗应结合项目供配电系统情况、依据设计手册规定进行估算。

（2）照明能耗：根据不同的使用功能区域对应的面积、用电指标、需用系数、使用时间及平均有功负荷系数估算照明系统的年能源消耗量。

（3）室内日常耗电设备能耗：根据不同的使用功能对应的面积、用电指标、需用系数、使用时间及平均有功负荷系数估算室内设备系统的年能源消耗量。

（4）电梯、扶梯能耗：根据不同型号的电梯台数、需用系数、电梯功率使用时间及平均有功负荷系数估算电梯系统的年能源消耗量。

（四）其他用能能耗核算

对于暖通系统、给水排水系统、电气系统之外的其他用能，如餐饮用气用电、数据机房设备耗电、医疗设备耗能、试验工艺耗能、科研设备耗能等，根据项目节能评估后最终采取的设计方案、节能措施、设备的能效，单独进行能耗核算。

（1）餐饮厨房烹饪用气量，可根据建筑类型的年人均用气量指标，人数、座位数及床位数，采用的天然气或液化石油气的低热值估算全年耗气量。

（2）其他用能，如数据机房设备耗电、医疗设备耗能、试验工艺耗能、科研设备耗能等，应结合设备容量、用能时间、工艺负荷特点等进行能耗计算。

（五）项目综合能耗及能耗指标评估

根据项目所有用能系统的能耗计算，合计得出项目年综合能耗量，并得出项目计算单位面积采暖能耗指标、照明能耗指标、综合能耗指标等。必要时，可通过表格形式说明项目综合能耗的能源品种构成，示例如表 7-3 所示。

综合能耗的能源品种构成示范表　　表 7-3

<table>
<tr><th>消耗能源种类</th><th>计量单位</th><th>年消耗量</th><th>折标煤系数</th><th>折标煤（t）</th><th>综合能耗（当量值）中所占比重（%）</th></tr>
<tr><td rowspan="2">电力</td><td rowspan="2">万 kW · h</td><td rowspan="2"></td><td>（当量值）</td><td></td><td rowspan="2"></td></tr>
<tr><td>（等价值）</td><td></td></tr>
<tr><td>热力</td><td>GJ</td><td></td><td></td><td></td><td></td></tr>
<tr><td>天然气</td><td>万 m^3</td><td></td><td></td><td></td><td></td></tr>
<tr><td>水</td><td>万 m^3</td><td></td><td></td><td></td><td></td></tr>
<tr><td>柴油</td><td>t</td><td></td><td></td><td></td><td></td></tr>
</table>

续表

消耗能源种类	计量单位	年消耗量	折标煤系数	折标煤（t）	综合能耗（当量值）中所占比重（%）
……					
合计	—	—	（当量值）		100%
			（等价值）		

若分析各个用能系统能耗在项目综合能耗中的比重，还可以表格形式，示例如表 7-4 所示。

用能系统能耗与综合能耗比 **表 7-4**

用能系统	耗能品种	单位	年消耗量	折标煤系数（当量值）	折标煤（t）	综合能耗（当量值）中所占比重（%）
供暖						
空调						
通风						
给水排水（设备）						
生活热水						
餐饮						
开水						
照明						
插座						
电梯						
其他						
……						
合计	—	—	—	—		100%

项目计算单位建筑面积相关能耗指标包含当量值指标和等价值指标，并与同地区、同类建筑进行对比。对于有试验、实验、科研或医疗等工艺的项目，还应计算扣除工艺用能后的计算单位建筑面积综合能耗指标。

（六）项目节能水平评估

通过对项目的建设方案（含规划方案、建筑设计方案、暖通方案、给水排水方案、电气方案及工艺方案等）、节能措施、设备选型、项目计算能耗指标（如计算单位建筑面积能耗指标、单位建筑面积采暖能耗指标、单位建筑面积照明电耗等）进行全面评估，参考节能建筑评价、绿色建筑评价达标情况，对项目的节能水平进行评估，并给出评估结论（领先水平、先进水平、平均水平、落后水平）。

第四节　评估结论

通过对项目用能种类的选择、能源供应条件、对当地能源消费增量的影响、建设方案、耗能设备选型、节能措施、能耗指标等进行整体性评估，节能评估应从客观、全面的角度对项目节能水平是否可行得出评估结论，一般应包括下列内容：

（1）项目用能种类的选择是否合理节能。

（2）能源供应条件是否稳定可靠。

（3）项目建筑、暖通、给水排水、电气方案是否合理节能。

（4）项目主要耗能设备选型是否合理，能效水平是否先进。

（5）项目采取的相关节能措施是否可行，节能效果是否显著，经济性是否合理。

（6）项目能耗指标是否合理。

（7）项目是否达到或优于国家及项目所在地相关节能设计标准。

（8）对项目整体节能水平进行评估，并给出评估结论（如领先水平、先进水平、平均水平、落后水平）。

（9）根据对项目的节能评估情况，说明项目评估后在节能方面还存在主要问题，并对存在问题提出有针对性的改进建议或节能措施。

第八章

社会稳定风险评估

社会稳定风险评估，是指与人民群众利益密切相关的重大决策、重要政策、重大改革措施、重大工程建设项目、与社会公共秩序相关的重大活动等重大事项在制定出台、组织实施或审批审核前，对可能影响社会稳定的因素开展系统的调查，科学的预测、分析和评估，制定风险应对策略和预案。我国政府一直都高度重视社会稳定风险问题，从党的十七届五中全会提出要建立重大投资项目建设和重大政策制定的社会稳定风险评估机制以来，目前社会稳定风险评估报告已经成为国家发展改革委、各省、市发展改革委审批、核准或者核报相关部门审批、核准项目的重要依据。在政府投资公共建筑重大项目中开展社会稳定风险评估，不仅是维护社会和谐稳定的必然要求，同时也是科学决策的现实需求。重大建设项目社会稳定风险分析和评估是我国项目评估的创新工作机制，按照《国家发展改革委重大固定资产投资项目社会稳定风险评估暂行办法》规定，社会稳定风险分析应当作为项目可行性研究报告、项目申请报告的重要内容并设为独立篇章。

第一节 评估依据

一、相关法律、法规和规范性文件

目前，我国在社会稳定风险评估领域上立法较少，但已出台许多规范性政策文件，包括《中央办公厅国务院办公厅关于建立健全重大决策社会稳定风险评估机制的指导意见（试行）》（中办发〔2012〕2 号）、《国家发展改革委重大固定资产投资项目社会稳定风险评估暂行办法》（发改投资〔2012〕2492 号）、《国家发改委办公厅关于印发重大固定资产投资项目社会稳定风险分析篇章大纲及说明

（试行）》（发改办投资〔2013〕428 号）等。

二、国家出台的区域经济发展意见、国务院及有关部门批准的相关规划

国家出台的区域经济发展意见，以及国务院及有关部门批准的相关规划对地方的经济和社会发展具有引导作用，同时也从宏观层面上对维护社会和谐稳定有一定的积极作用。如《促进中部地区崛起规划》（发改地区〔2010〕1827 号）、《国务院关于支持山西省进一步深化改革促进资源型经济转型发展的意见》（国发〔2017〕42 号）。

三、项目所在地人民政府确定的社会稳定风险评判标准或指标体系

为有效建立重大建设项目社会稳定风险的预测和评估机制，许多地方政府都出台了相应的社会稳定风险评估办法，并构建了相应的社会稳定风险的评判标准和指标体系。如《重庆市发展和改革委员会重大固定资产投资项目社会稳定风险评估暂行办法》等。

四、项目前期审批相关文件

社会稳定风险评估一般应在项目审批所需的前置文件具备之后进行。在评估过程中应注意审查项目土地预审意见、选址意见书、环境影响评价批复文件、项目社会稳定分析篇章等。对于已完成规划、土地、环评等社会稳定风险专项评估的，在社会稳定情况未发生较大变化的前提下，其结论是可以直接在评估中直接引用的。

第二节 评估原则

政府投资公共建筑项目牵涉面广、影响深远，在进行社会稳定风险评估中，应以“维稳”为主轴，充分吸纳群众意见，实现稳定与发展的互促共生，必须坚持综合全面、客观公正和科学有效原则。这些原则相互联系、密不可分、缺一不可，是指导政府投资公共建筑项目社会稳定风险评估工作的基本准则。

一、综合全面

要对政府投资公共建筑项目社会稳定风险进行全面审查，既审查其风险源，又审查其价值取向；既审查其所依据的法律、法规、政策，还审查其实施过程可能出现的漏洞及补救措施；既审查其实施方法、步骤，又要审查其实施各环节的互相衔接关系；既考虑其直接社会稳定风险，也考虑其间接社会稳定风险，把社会稳定风险与技术风险、经济风险结合在一起综合考虑，全面分析政府投资公共建筑项目在前期、准备、实施和运营等不同阶段产生社会稳定风险的可能性及其影响，从不同角度反映政府投资公共建筑项目对经济社会运行的影响，多层次、全方位地描述社会稳定风险的变化形势，确保重大投资项目既符合相关法律法规和政策要求，又充分考虑群众的现实和长远利益，实现社会效益与经济效益的有机统一。

二、客观公正

政府投资公共建筑项目社会稳定风险评估要坚持实事求是，充分听取利益相关者的意见，进行科学的分析研判，在保证评估主体构成、评估内容和评估流程等方面客观中立的同时，评估政府投资公共建筑项目本身是否符合经济社会发展规律、是否把地区发展速度和社会可承受程度有机结合、是否得到多数群众的理解和支持、是否符合法律法规和所涉及政策的基本要求等客观内容，如实反映其社会稳定风险程度。在实际评估工作中，应尽可能使评估标准具体化、数量化、清晰化，保证评估过程的便利性和评估结果的准确性，并动态跟踪评估结果，及时发现问题，及早预测、防范、化解风险，变被动化解为主动预防，将政府投资公共建筑项目社会稳定风险降到最低程度或可控范围。

三、科学有效

进行政府投资公共建筑项目社会稳定风险评估，应在依据相关法律、法规和政策制定科学规范评估标准的同时，深入调查研究，坚持走群众路线，提高评估工作的透明度，运用论证、听证和公示等公众参与方式，多渠道、多形式、多层次地广泛征询社会各方意见，逐步形成利益协调、诉求表达、矛盾调处、权益保障的制度体系，切实保障群众的知情权、参与权、监督权，以充分反映民意、集中民智。准确把握人民群众长远利益和现实利益的平衡点、研判社会稳定风险及可控程度，最大限度地防止和减少社会稳定风险隐患，促进经济发展、维护群众利益和社会稳定。合理选择社会稳定风险评估指标和评估方法的科学性，通过定性与定量分析，保证评估结论的科学性。

第三节 评估要点

在对重大项目稳定风险评估论证过程中，可采取全面调查、抽样调查、个案调查和典型调查等方式选择调查对象，并根据实际情况采取公示、问卷调查、实地走访、召开座谈会和听证会等多种方式收集意见，达到广泛调查、充分收集各方意见和诉求的目的。

一、充分听取意见

全面收集项目前期审批相关文件、同类项目决策风险评估资料等，在对相关资料认真审阅的基础上，结合项目所在地的实际情况，根据需要补充开展民意调查，向受拟建项目影响的相关群众了解情况，对受拟建项目影响较大的群众、有特殊困难的家庭要重点走访，当面听取意见。听取意见要注意对象的广泛性和代表性，注意方式方法，确保收集意见的真实性和全面性；讲清项目相关的法律和政策依据、项目方案、项目建设和运行全过程可能产生的影响，以便群众了解真实情况、表达真实意见。

二、全面评估论证

分门别类梳理各方意见，参考相同或类似项目引发社会稳定风险的情况，重点围绕拟建项目建设实施的合法性、合理性、可行性、可控性几个方面，对拟建项目所涉及的风险调查、风险识别、风险估计、风险防范和化解措施、风险等级评判等内容逐项进行客观、全面地评估论证。其中：合法性主要评估拟建项目建设实施是否符合现行相关法律、法规、规范以及国家有关政策；是否符合国家与地区国民经济和社会发展规划、产业政策等；拟建项目相关审批部门是否具有相应的项目审批权并在权限范围内进行审批；决策程序是否符合有关法律、法规、规章和国家有关规定。合理性主要评估拟建项目的实施是否符合科学发展观要求，是否符合经济社会发展规律，是否符合社会公共利益、人民群众的现实利益和长远利益，是否兼顾了不同利益群体的诉求，是否可能引发地区、行业、群体之间的相互盲目攀比；依法应给予相关群众的补偿和其他救济是否充分、合理、公平、公正；拟采取的措施和手段是否必要、适当，是否维护了相关群众的合法权益。可行性主要评估拟建项目的建设时机和条件是否成熟，是否有具体、翔实的方案和完善的配套措施；拟建项目实施是否与本地区经济社会发展水平相适应，是否超越本地区财力，是否超越大多数群众的承受能力，是否能得到大多数群众的支持和认可。可控性主要评估拟建项目的建设实施是否存在公共安全隐患，是否会引发群体性事件、集体上访，是否会引发社会负面舆论、恶意炒作以及其他影响社会稳定的问题；对拟建项目可能引发的社会稳定风险是否可控；对可能出现的社会稳定风险是否有相应的防范、化解措施，措施是否可行、有效；宣传解释和舆论引导措施是否充分。

评估内容主要包括：

（一）风险调查评估

结合项目所在地的实际情况，评估要对项目提出风险调查的广泛性、代表性、真实性等进行检查。如果在检查过程中发现问题，评估人员应根据实际需要直接开展或者要求项目单位开展补充风险调查的情况，并对收集的拟建项目各方面意见进行梳理和比较分析，形成能够反映实际情况的信息资料，并阐述其采纳情况。完成补充调查或独立调查后，评估人员必须根据项目提供准确的、客观的项目信息和风险因素信息，以及风险评估调查结果，形成独立的风险调查结论。

（二）风险识别评估

对项目风险识别的完整性和准确性提出评估意见，根据风险调查评估结果，对拟建项目可能引发的主要社会稳定风险因素进行补充完善，并汇总。主要包括：

（1）结合风险调查评估结果，对社会稳定风险分析篇章中各风险因素识别的全面性和准确性进行评估。

（2）通过对有关社会经济调查及统计资料的分析，结合对项目经济影响评价、社会影响评价、环境影响评价、资源利用、土地房屋征收补偿和移民安置影响评价等相关评估结论，以及公众参与的完备性程度等的评估，判断拟建项目是否存在被遗漏的重要风险因素，并补充识别被遗漏的重要风险因素。

（三）风险估计评估

对项目风险估计的客观性、分析内容的完备性、分析方法的适用性提出评估意见，预测估计主要风险因素发生概率、影响程度和风险程度。主要包括：

（1）对项目选用的风险估计方法、对每一个主要风险因素所进行的分析推理过程、对预测估计的主要风险因素的风险发生概率、影响程度和风险程度是否恰当进行评估。

（2）补充项目风险识别中遗漏的重要风险因素，对拟建项目可能存在的重要风险因素的性质特征、未来变化趋势及可能造成的影响后果进行分析评估，形成评估后主要风险因素的风险程度汇总表如下。

经评估的主要风险因素及其风险程度汇总表　　表 8-1

序号	风险因素（W）	风险概率	影响程度	风险程度
1	示例风险 A	较高	重要	高
2	示例风险 B	较低	可忽略	低
…				

（四）风险防范、化解措施评估

对项目提出的风险防范、化解措施进行评估，针对拟建项目可能引发的社会稳定风险，进一步补充完善和明确落实各项防范、化解措施的责任主体和协助单位、具体负责内容、风险控制节点、实施时间和要求。主要包括：

（1）对分析篇章中提出的风险防范、化解措施是否与现行的相关政策和法规相符，进行合法性的评估。

（2）对分析篇章中提出的风险防范、化解措施是否有遗漏，进行系统性、完整性的评估。

（3）对分析篇章中提出的风险防范、化解措施是否具有明确的责任主体、职责分工以及时间进度安排是否全面、合理、可行、有效进行评估。

（4）结合风险识别和风险估计评估结论，补充、优化和完善风险防范、化解措施，进一步明确责任主体等内容，编制经评估的风险防范、化解措施汇总表，并提出综合评估意见。

经评估的风险防范、化解措施汇总表　　表 8-2

序号	风险发生阶段	风险因素	主要防范、化解措施	实施时间和要求	责任主体	协助单位
1						
2						
…						

三、风险等级确定

对项目风险等级判断方法、评判标准的选择运用是否恰当、风险等级判断结果是否客观合理提出评估意见；结合补充的重要风险因素，综合以上评估结果，确定项目落实防范、化解风险措施后的项目风险等级。主要包括：

（1）在风险防范、化解措施评估的基础上，对分析篇章中采取措施后各主要风险因素变化的分析是否得当进行评估，提出评估意见。

（2）对分析篇章中采用的风险等级评判方法、评判标准的选择运用是否恰当，评判的结果是否合理提出评估意见。

（3）结合补充的主要风险因素，和上述评估论证的结果，预测各主要因素风险可能变化的趋势和结果；通过分析变化情况，根据项目所在地人民政府确定的社会稳定风险评估指标或评判标准，在综合考虑各方意见和全面分析论证的基础上，按照《国家发展改革委重大固定资产投资项目社会稳定风险评估暂行办法》的风险等级划分标准，对拟建项目的社会稳定风险等级做出客观、公正的评判，确定项目社会稳定风险的高、中、低等级。其中，高风险表示大部分群众对项目有意见、反应特别强烈，可能引发大规模群体性事件；中风险表示部分群众对项目有意见、反应强烈，可能引发矛盾冲突；低风险表示多数群众理解支持但少部分人对项目有意见，通过有效工作可防范和化解矛盾。

【案例 8-1】某县医院院内计划拆除医院现有的门、急诊大楼，在其地基上新建 1 栋 5 层（其中地下一层）门急诊综合楼，总建设面积 10243.3m^2。建成后，预计年门诊量达到 40 万人次。本工程总投资估算 5608.63 万元。建设资金来源为：申请中省预算内投资专项资金 2900 万元，其余为自筹。

经过评估单位调研、归纳总结和分析验证，最终确定风险等级为低风险，可以实施。建议：①本项目虽然风险等级低，但是仍存在一些风险潜在因素，建设单位和各有关部门应该严格落实风险防范和化解措施。②风险因素随着项目的逐步深入有可能发生变化，应对风险的措施应当及时调整。③提高医院医疗服务质量和服务态度，规范操作、有据可循，尽可能减少医患纠纷的发生。

【案例 8-2】某小学建设项目。本项目总用地面积 33972m^2（50.96 亩），总建筑面积 48235m^2。主要建筑有特色发展用房、公共活动用房、办公及辅助用房、食堂、公共廊桥、运动场馆。学校共设立 48 个教学班，学生总规模 2160 人。本项目估算总投资 12134.93 万元，由市级统筹基建、财政部及教育附加费等多渠道解决。本项目占地面积约 50.96 亩，为政府划拨教学教育用地。

本项目主要风险点：①项目选址是否合理，满足学区学生入学的需要；②建设规模和内容是否合理；③工程建设施工安全技术是否有保障；④项目运营期的工程质量风险；⑤项目运营期的噪音对周边群众的影响；⑥项目运营期间的人员安全是否有保障；⑦项目运营期间师资力量是否有保障。评估报告通过项目风险因素进行了识别，并提出了项目风险防范和化解措施，最终确定某小学建设项目社会稳定风险评估报告社会稳定风险等级为低风险。

第四节 评估结论

社会稳定风险评估的结论，尤其是风险等级的结论性意见，是审批、核准或核报项目的重要参考依据，直接影响到项目能否审批通过的可能性。因此，在进行社会稳定风险评估时，评估结论必须要做到客观性、准确性。

（1）拟建项目存在的主要风险因素。对项目中提出的准确的、客观的项目信息和风险因素信息进行分析，对拟建项目可能引发的主要社会稳定风险因素进行补充完善。

（2）拟建项目合法性、合理性、可行性、可控性评估结论。对项目所涉及的风险调查、风险识别、风险估计、风险防范和化解措施、风险等级评价等内容逐项进行全面的评估论证。

（3）拟建项目主要风险防范、化解措施。从客观角度检验项目提出的风险防范和化解措施的合法性、合理性、可行性、可靠性、有效性，并提出针对性补充。

（4）拟建项目的风险等级。从第三方评估的角度，提出评估认定的项目社会稳定风险等级。

（5）根据需要提出应急预案和建议。

第九章

投资估算及资金筹措评估

投资估算是在对项目的建设规模、建设方案、设备方案、选址方案和工程建设方案、项目进度计划等进行研究并基本确定的基础上，对建设项目总投资及各分项投资数额进行估算。投资估算是确定融资方案、筹措资金数额的重要依据，也是进行财务分析和经济分析的基础。对政府投资公共建筑项目投资合理性进行评估，不仅有助于控制项目投资成本，提高投资效益，同时还有利于加强政府投资项目管理，规范政府投资行为。

第一节 评估依据

投资估算的编制依据是指在编制投资估算时需要使用的计量、价格确定、工程计价有关参数、率值确定等一切基础资料。投资估算的编制依据主要有以下几个方面：

（1）国家、行业和地方政府的有关规定。

（2）工程勘察与设计文件，图示计量或有关专业提供的主要工程量和主要设备清单。

（3）行业部门、项目所在地工程造价管理机构或行业协会等编制的投资估算指标、计算方法、概算指标（定额）、工程建设其他费用定额（规定）、综合单价、价格指数和有关造价文件等。

（4）类似工程的各种技术经济指标和参数及其他技术经济资料。

（5）项目所在地的同期的工、料、机市场价格，建筑、工艺及附属设备的市场价格和有关费用等。

（6）项目实地情况，如地理位置、场址环境、征地拆迁补偿标准、地质条件，以及交通、供水、供电、供热、污水、雨水等市政基础设施条件等。

（7）其他参考数据，如建设工期、外汇汇率、建设期贷款利息利率等。

第二节　评估原则

1. 严格执行国家的建设方针和经济政策的原则

投资估算是一项重要的技术经济工作，在评估过程中应严格遵守国家和地方政府的有关方针、政策。

2. 完整、准确地反映建设内容的原则

投资估算是建设项目前期决策阶段编制项目建议书、可行性研究报告的重要组成部分，按照现行的建设程序，对项目建议书和可行性研究报告批准的要求规定，经批准的可行性研究报告投资估算是确定建设项目、编制设计文件的依据，一经审查批准便会成为工程设计任务书中的规定的项目投资限额。因此，在进行评估时，应依据项目特征、设计方案和相应的工程造价计价依据或资料审核投资估算内容的准确性，避免重算和漏算。方案进行修改后，要及时对投资估算进行修正。

3. 坚持结合实际，反映项目所在地当时价格水平的原则

为提高评估的科学可靠性，要提前对项目所在地的建设条件、可能影响造价的各种因素进行认真的调查研究。在此基础上正确使用定额、指标、费率和价格等各项编制依据，按照现行工程造价的构成，根据有关部门发布的价格信息及价格调整指数，考虑建设期的价格变化因素，使评估后的投资估算尽可能地反映设计内容、施工条件和实际价格。

第三节 投资估算评估要点研究

一、投资构成评估

项目总投资是指从项目筹建开始到项目报废为止所发生的全部投资费用。政府投资公共建筑项目的总投资由建设期和筹建期投入的建设投资、建设期利息两大部分组成。

建设投资是指在项目筹建与建设期间所花费的全部建设费用，按概算法分类包括工程费用、工程建设其他费用和预备费用。其中工程费用包括建筑工程费、设备购置费和安装工程费；工程建设其他费用是指按规定应在项目投资中支付，并列入投资项目总造价的费用，主要包括与土地使用有关的费用、土地征用与补偿费（或土地使用权出让金）、与建设过程和未来运营有关的单位管理费（含建设单位开办费和经营费）、研究试验费、人员培训费、办公及生活家具购置费、联合试运转费、勘察设计费、工程监理费、施工机构迁移费、引进技术和设备的其他费用、专利权、商标权等；预备费是指在投资估算时用以处理实际费用与计划耗费不相符而追加的费用，包括基本预备费和涨价预备费两部分，前者是为弥补自然灾害可能造成的损失而设置，或是施工阶段必须增加的工程和费用，后者是为弥补建设期间物价上涨而引起的投资费用的增加而设置。项目总投资的构成依据概算分类如图 9-1 所示。

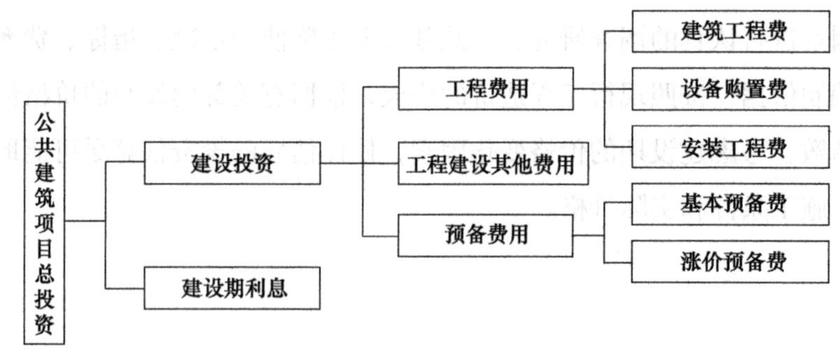

图 9-1 项目总投资的构成（按概算分类）

也可将建设投资按照形成资产法分类，分为形成固定资产的费用、形成无形资产的费用、形成其他资产的费用（简称固定资产费用、无形资产费用、其他资产费用）和预备费用四类：

固定资产是指使用期限在一年以上，单位价值在国家规定的限额标准以内，并在使用过程中保持原有实物形态的资产，包括房屋及建筑物、机器设备、运输设备以及其他与经营活动有关的工具、器具等。在投资项目评估中，可将工程费用、工程建设其他费用和预备费中，除应计入无形资产和其他资产价值以外的全部待摊投资费用计入固定资产原值，并将预备费也计入固定资产原值。

无形资产是指企业能长期使用而没有实物形态的有偿使用的资产，包括专利权、商标权、土地使用权、非专利技术和著作权等。它们通常代表企业所拥有的一种法定权或优先权，或者是企业所具有的高于平均水平的获利能力。无形资产是有偿取得的资产，对于外购及其他依法取得的无形资产的支出，一般都予以资本化，并在其受益期内分期摊销。在投资项目评估中可将工程建设其他费用中的土地使用权及技术转让费作为企业的初始投资计入无形资产价值中。

其他资产是指不能计入工程成本，应当在运营期内一次计入的各项其他费用，包括开办费和以经营租赁方式租入的固定资产改良工程支出等。在投资项目评估中可将工程建设其他费用中的开办费、职工培训费、样品样机购置费等计入其他资产价值。项目总投资的构成（形成资产法分类）如图 9-2 所示。

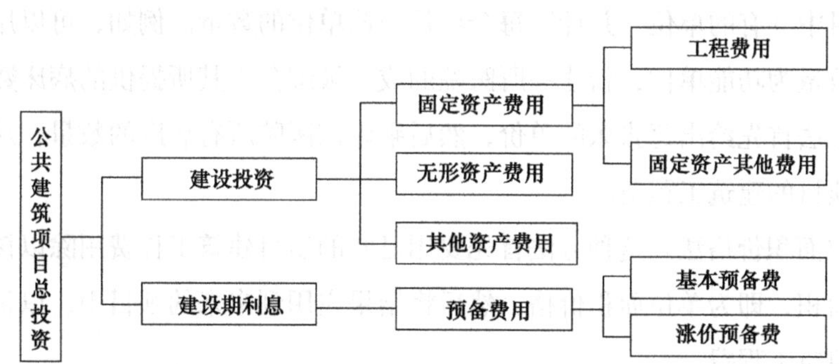

图 9-2　项目总投资的构成（按形成资产法分类）

建设期利息是指项目建设期发生的银行借款和其他债务资金在建设期内的应计利息以及其他融资费用。其他融资费用是指某些债务融资中发生的手续费、承诺费、管理费和信贷保险费等融资费用，一般情况下这些费用应单独计算并计入建设期利息。建设期利息一般计入固定资产原值。建设投资借款由于资金来源不同，其建设期利息的计算方法也不同。

在进行投资构成评估时应在熟悉项目投资总构成的基础上选择合适的分类法进行重点评估。

二、工程费用评估

在政府投资公共建筑项目的工程费用评估中，应该重点评估建筑工程费、设备购置费以及安装工程费的组成和估算方法。

（一）建筑工程费

建筑工程费是指为建造永久性建筑物和构筑物所需要的费用，建筑工程费评估一般采用以下方法：

（1）单位建筑工程投资估算法。以单位建筑工程量投资乘以工程总量计算，如建筑工程以单位面积（m^2）的投资，乘以相应的建筑工程总量计算建筑工程费。这种方法可以进一步分为单位功能价格法，单位面积价格法和单位容积价格法。

单位功能价格法。这种方法是利用每功能单位的成本价格估算，将选出所有此类项目中共有的单位，并计算每个项目中该单位的数量。例如，可以用医院里的病床数量为功能单位，新建一所医院的成本被细分为其所提供的病床数量。这种计算方法首先给出每张床的单价，然后乘以该医院所有病床的数量，从而确定该医院项目的建筑工程费。

单位面积价格法。这种方法首先要用已知的项目建筑工程费用除以该项目的房屋总面积，即为单位面积价格，然后将结果应用到未来的项目中，以估算拟建项目的建筑工程费。

单位容积价格法。在一些项目中，楼层高度是影响成本的重要因素。例如，指挥塔、水塔、水池等建（构）筑物的高度根据需要会有很大变化，显然这时不再适用单位面积价格，而单位容积价格则成为确定初步估算的适用方法。将已完工程总的建筑工程费用除以建筑面积，即可得到单位容积价格。

（2）单位实物工程量投资估算法。以单位实物工程量的投资乘以实物工程总量计算。土石方工程投资按照立方米计算，路面铺设工程投资按照平方米计算，乘以相应的实物工程总量计算建筑工程费。

（3）概算指标投资估算法。对于没有上述估算指标且建筑工程费占总投资比例较大的项目，可采用此方法。采用这种估算法，应拥有较为详细的工程资料，了解详细的建筑材料价格情况和工程费用指标，该方法所需投入较长时间和较大工作量。具体估算可参照有关专门机构发布的概算定额或指标。

（二）设备及工器具购置费

在政府投资的公共建筑项目中，设备包括专用设备和公用设备。专用设备（也可称工艺设备），如医院的医疗设备、学校实验室的试验设备、体育馆的体育器材。公用设备是指建筑本体供水、供电、供热、供气等专业设备，如给水排水中的水泵、电气中的变压器等。

设备购置费可按照国内设备购置费、进口设备购置费、备品备件和工器具及生产家具购置费分类计算。

1. 国内设备购置费构成

设备购置费＝设备原价＋设备运杂费

式中　设备原价——指国产设备制造厂的交货价，即出厂价。

设备原价和运杂费的计算方法可以参考以下方法计算。

国产设备原价

1）国产标准设备原价

国产标准设备原价是按照主管部门颁布的标准设计图纸和技术要求，由国内设备制造厂成批生产并符合国家质量检验标准的设备，也称为标准设备或通用设备。国产标准设备原价一般指的是设备制造厂的交货价，即出厂价。设备的出厂价分两种情况，一是带有备件的出厂价，二是不带备件的出厂价，在计算设备原价时，应按带备件的出厂价计算。如设备由设备成套公司供应、则应以订货合同为设备原价。

2）国产非标准设备原价

非标准设备是指没有国家主管部门颁发的标准设计图纸和技术要求、非批量生产的设备，它是由建设单位依据制造图纸委托机械制造厂或施工企业在工厂制造或施工现场加工，其价格应根据设备的类型、材质、结构、重量等逐台计算。非标准设备原价有多种计价方法，如成本计算、系列设备插入估价法、分部组合造价法、定额估价法等。

3）设备运杂费

设备运杂费通常由运输费、装卸费、运输包装费、供销手续费和仓库保管费等费用构成，一般按照设备原价乘以设备运杂费费率计算，其费率按照部门、行业或省市规定执行。

2. 国外进口设备购置费

进口设备购置费由进口设备原价、进口从属费用及国内运杂费组成。

（1）引进设备原价

进口设备货价一般是指离岸价，离岸价作为货物成本价，指出口货物抵达出口国口岸（船上）交货的价格。到岸价是指货物成本 + 国外运费 + 国外运输报销费的价格。

（2）设备从属费

进口从属费包括国外运费、国外运输保险费、进口关税、进口环节消费税、进口环节增值税、外贸手续费和银行财务费等。

（3）国内运杂费

国内运杂费是指按合同或协议约定的到岸港口或接壤的陆地交货地点至工地仓库或施工现场存放地点，所发生的运输费、运输保险费、装卸费、包装费、商业部门手续费和仓库管理费等内容。

3. 工器具及生产家具购置费

工作用品及工作家具购置费是指新建项目或扩建项目初步设计规定所必须购置的不够固定资产标准的设备、简单仪器、生产家具和备品备件等的费用。一般以国内设备原价和进口设备离岸价为计算基数，按照部门或行业规定的工器具及生产家具费费率计算。

4. 备品备件购置费

一般情况下，设备购置费采用备件的原价估算，不必另行估算备品备件费用，在无法采用带备件的原价、需要另行估算备品备件购置费时，应按设备原价及有关专业概算指标（费率）估算。

（三）安装工程费

1. **费用组成**

安装工程费一般包括生产、动力、起重、运输、传动和医疗、实验室等各种需要安装的机电设备、专用设备、仪器仪表等设备的安装费；工艺、供热、供电、给水排水、通风空调等管道、管线、电缆等材料费和安装费；设备和管道的保温、绝缘、防腐，设备内部的填充物等材料费和安装费。

2. **费用估算**

可行性研究阶段项目投资估算方法一般采用概算指标法，根据行业或专门机构发布的安装工程定额、取费标准进行估算。具体计算可按照安装费费率或每单位安装实物工程量费用指标进行估算。计算公式为：

安装工程费＝设备原价 × 安装费费率

或

安装工程费＝安装工程实物量 × 每单位安装实物工程量费用指标

三、工程建设其他费用评估

工程建设其他费用是指从项目筹建开始到工程竣工验收交付使用为止的整个建设期间，除建筑安装工程费用和设备及工器具购置费以外的，为保证工程建设顺利完成和交付使用后能够正常发挥效用而发生的各项费用。在进行工程建设其他费用评估时，应重点评估与土地使用有关的费用、与工程建设有关的其他费用以及与未来运营有关的其他费用三类费用。

（一）与土地使用有关的费用

建设项目要取得建设用地，须支付土地征用及迁移补偿费或土地使用权出让金。

（1）土地征用及迁移补偿费。土地征用及迁移补偿费是建设项目通过划拨方式取得土地使用权时，依据《中华人民共和国土地管理法》等规定需支付的费用，主要包括征用耕地的土地补偿费、征用耕地的安置补助费、地上附着物和青苗补偿费，评估重点为土地补偿费是否合理。征用耕地的土地补偿费，为该耕地被征用前3年平均年产值的6～10倍；征用其他土地的土地补偿费，由各省、自治区、直辖市参照征用耕地的标准规定；征用城市郊区的菜地，用地单位应当缴纳新菜地开发建设基金、安置补助费。征用耕地的安置补助费，按照需要安置的农业人口数计算。需要安置的农业人口数，按照被征用的耕地数量除以征地前被征用单位平均每人占有耕地的数量计算。每一个需要安置的农业人口的安置补助费用的标准，为该耕地被征用前3年平均年产值的4～6倍。但是，每公顷被征用耕地的安置补助费，最高不得超过被征用前3年平均年产值的15倍。征用其他土地的安置补助费，由各省、自治区、直辖市参照征用耕地的安置补助费标准规定执行。被征用土地上的房屋、水井、树木等地上附着物和青苗的补偿标准，由各省、自治区、直辖市规定。

（2）土地使用权出让金。土地使用权出让金是指建设单位为取得有限制的土地使用权，依照《中华人民共和国城镇国有土地使用权出让和转让暂行条例》，向国家支付的土地使用费。

根据国家发改委和建设部发布的《建设项目经济评价方法与参数》（第三版）的要求，对于土地使用权可进行如下特殊处理：在尚未开发或建造自用项目前，土地使用权作为无形资产核算，房地产开发企业开发商品房时，将其账面价值转入开发成本；企业建造自用项目时，将其账面价值转入在建工程成本。因此，为了与以后的折旧和摊销计算相协调，在建设投资的预算表中通常可将土地使用权直接列入固定资产其他费用中。

（二）与工程建设有关的其他费用

包括建设单位管理费、勘察设计费、可行性研究费、环境影响评价费、劳动职业安全卫生健康评价费、研究试验费、场地准备及临时设施费、工程建设监理费、引进技术和进口设备其他费用、工程保险费和市政公用设施建设及绿化补偿费等。

（1）建设单位管理费。建设单位管理费是指建设项目从立项至竣工验收交付使用的建设全过程中进行管理所需的费用，内容包括建设单位经费和建设单位开办费。其中，建设单位经费包括工作人员的基本工资、工资性补贴、职工福利费、劳动保护费、劳动保险费、办公费、差旅费、工会费、职工教育费、固定资产使用费、工具用具使用费、工程招标费、合同契约公证费、工程质量监督检测费、工程咨询费、法律顾问费、审计费、业务招待费、排污费、竣工交付使用清理及竣工验收费等，另外，还包括应计入设备、材料预算价格的建设单位采购及保管设备材料所需的费用。建设单位开办费是新建项目为保证筹建和建设工作正常进行所需的办公设备、生活家具、用具、交通工具等的购置费用。

建设单位管理费按照工程费用之和乘以建设单位管理费率计算。建设单位管理费率按照建设项目的不同性质、不同规模确定。

（2）勘察设计费。勘察设计费是指委托勘察设计单位进行工程水文地质勘察、工程设计等所需的费用。具体包括：工程勘察费、初步设计费、施工图设计费以及设计模型制作费等。可参照工程勘察设计收费标准的有关规定计算。

（3）可行性研究费。可行性研究费是指编制和评估项目建设书、可行性研究报告所需的费用。可参照国家发展改革委员会的有关规定计算。

（4）研究试验费。研究试验费是指为项目提供参数、数据、资料等进行的必要研究试验所需的费用，以及设计规定在施工中必须进行试验、验证和支付国内专利、技术成果一次性使用所需的费用。

（5）环境影响评价费。环境影响评价费是指为评价项目对环境可能产生的污染或造成的影响所需的费用，包括编制和评估环境影响评价报告书、环境影响评价报告表等所发生的费用。可参照国家发展改革委员会和环境保护部的有关规定计算。

（6）场地准备及临时设施费。场地准备及临时设施费是指建设期间建设场地的准备费和临时设施的搭设、维修、摊销费用或租赁费。临时设施包括临时宿舍、文化福利、公用事业房屋与构筑物、仓库、办公室、加工厂以及规定范围内的道路、水、电、管线等。

（7）工程建设监理费。工程建设监理费是指建设单位委托工程监理单位对工程实施监理工作所需的费用。其收费方法有两种：参照国家物价局、住房城乡建设部《关于发布工程建设监理费有关规定的通知》（〔1992〕价费字479号），按所监理工程概预算的百分比计收；按参与监理工作的人员工日计收；不宜按这两项办法收费的，由建设单位和监理单位按商定的其他方法，以这两项办法规定的建设监理收费标准为指导，具体的收费标准由建设单位和监理单位在规定的幅度内协商确定。对于中外合资、中外合作的建设工程，工程建设监理费由双方参照国际标准协商确定。

（8）引进技术和进口设备其他费用。这些费用是指引进技术和进口设备发生的未计入设备购置费的费用，包括出国人员费用、国外工程技术人员来华费用、技术引进费、分期或延期付款利息、担保费以及进口设备检验鉴定费等。

（9）工程保险费。工程保险费是指项目在建设期间根据需要对建筑工程、安装工程、机器设备和人身安全投保而发生的保险费用，包括建筑工程一切保险、进口设备财产保险和人身意外伤害险等。

（10）市政公用设施建设及绿化补偿费。市政公用设施建设及绿化补偿费是指使用市政公用设施的项目，按照项目所在省、自治区、直辖市政府有关规定，建筑市政公用设施和绿化工程或缴纳市政公用设施建设配套费用及绿化工程补偿费用。

（三）与未来运营有关的其他费用

这包括运营准备费、办公及生活家具购置费等。

（1）运营准备费。生产准备费是指新建或扩建的公共建筑为保证竣工交付使用而进行必要的准备所发生的费用，包括运营人员培训费，运营单位提前参加设备安装、调试的费用，以及熟悉运营流程及设备性能等人员的工资、福利、差旅交通等费用。运营准备费一般根据需要培训和参与调试人员的人数及培训时间按运营准备费指标计算。

（2）办公及生活家具购置费。办公及生活家具购置费是指为保证新建、改建、扩建项目初期的正常运营、使用和管理，购置办公和生活家具、用具等必须支出的费用。

工程建设其他费用的具体条目及收费标准经常会变动，应根据各级政府物价部门有关规定并结合项目的具体情况确定。

四、预备费用评估

预备费用分为基本预备费用和涨价预备费，在评估时应分别进行评估。

（一）基本预备费

基本预备费是指在项目实施中为了应对可能发生的难以预料的支出，事先预留的费用，又称工程建设不可预见费，主要包括设计变更及施工过程中可能增加的工程量的费用。一般由以下三项内容构成。

（1）在批准的设计范围内，技术设计、施工图设计及施工过程中所增加的工程费用：经批准的设计变更、工程变更、材料代用、局部地基处理等增加的费用。

（2）一般自然灾害造成的损失和预防自然灾害所采取的措施费用。

（3）竣工验收时为鉴定工程质量对隐蔽工程进行必要的挖掘和修复费用。

基本预备费以建筑工程费、设备及工器具购置费、安装工程费及工程建设其他费用之和为计算基数，按行业主管部门规定的基本预备费率计算。

基本预备费＝（工程费用＋工程建设其他费用）× 基本预备费费率

（二）涨价预备费估算

涨价预备费是针对建设工期较长的项目在建设期内可能发生材料、设备、人工等价格上涨引起投资增加的情况而需要事先预留的费用，亦称价格变动不可预见费。涨价预备费以建筑工程费、设备及工器具购置费、安装工程费之和为计算基数。计算公式为：

$$PC=\sum_{t=1}^{n} I_t[\ (1+f)^t-1]$$

式中 PC——涨价预备费；

I_t——第 t 年的建筑工程费，设备及工器具购置费，安装工程费之和；

f——建设期价格上涨指数；

n——建设期；

t——年份。

对建设期价格上涨指数，政府部门有规定的按规定执行，没有规定的由项目评价人员预测。

五、建设期利息评估

建设期利息是在完成建设投资估算和分年投资计划的基础上，根据筹资方式、金额及筹资费率等进行计算而得到。在投资项目评估中，无论各种外部借款是按年计息还是按季、月计息，均可简化为按年计息，即将名义利率折算为有效年利率。

当建设期用自有资金按期支付利息时，可不进行换算，直接采用名义年利率计算建设期利息。计算建设期利息时，为了简化计算，通常假定借款均在每年年中支用，借款当年按半年计息，其余各年按全年计息。各年的计算公式如下：

$$各年利息=（本年年初本息累计+\frac{本年借款额}{2}）\times 年利率$$

有多种借款资金来源，且每笔借款的年利率各不相同的项目，既可分别计算每笔借款的利息，也可先计算出各笔借款加权平均的年利率，再以此利率计算全部借款的利息。

第四节　资金筹措方案评估要点

资金筹措方案是在已经确定建设方案并完成投资估算的基础上，结合项目实施组织和建设进度计划，构造融资方案，进行融资结构、融资成本和融资风险分析，优化融资方案，并作为融资后财务分析的基础。

一、资金来源评估

按期足额投入资金是保证项目得以顺利实施的基本前提条件。在投资估算的基础上应当分析比较各种融资渠道，确定资金来源。在评估资金来源时应注意，资金来源按融资主体分为内部资金来源和外部资金来源，相应的融资可以分为政府出资和外源融资两个方面。

1. 内部资金来源

内部资金来源的渠道和方式主要有：货币资金、资产变现、企业产权转让、直接使用非现金资产。

政府投资公共建筑项目的实施必须实行法人负责制，建设项目的法人一般就是项目单位的法人。因此，内源融资指的就是自筹资金。由于政府投资公共建筑项目的特殊性，政府一般采用直接投资方式，资本金注入方式投资，一般党政机关办公楼是政府全额投资，部分行业的政府投资公共建筑项目需要自筹一部分资金，如学校、医院等。

自筹资金占总资金的比例一般由项目单位根据自身条件和能力上报政府主管部门，由政府主管部门核准。在政府投资公共建筑项目中，自筹资金需要保证到位。

2. 外部资金来源

外部资金来源渠道很多，应根据外部资金来源供应的可靠性、充足性以及融资成本、融资风险等，选择合适的外部资金来源渠道。

对于政府投资公共建筑项目来说，外部资金来源主要是中央和地方政府可用于项目建设的财政性资金以及银行的信贷资金，随着我国投资体制和金融体制的改革，其他资金来源占的比重会逐步有所增加。

3. 政府和社会资本合作（PPP）模式

PPP 模式主要适用于政府负有提供责任又适宜市场化运作的公共服务、基础设施类项目，医疗、卫生、教育、健康养老等公益性公共建筑项目均可推行 PPP 模式，项目类型包括新建、改建项目和存量公共资产项目。

在 PPP 项目可行性评估中，要充分考虑项目物有所值评估。PPP 范畴下的物有所值需要将 PPP 模式与政府传统采购模式进行比较。判断物有所值的主要标准是相对于成本的效果，即物有所值是投入成本与获得的效果之间的关系。物有所值评价不但是总体上判断 PPP 适用于项目的关键，而且也是判断具体设计方案是否可以采用 PPP 方式的重要一环。

物有所值定性评价工作应严格按照操作指南的相关规定开展，将项目采用 PPP 模式与政府传统供给模式相比，能否增加供给、优化风险分配、提高运营效率、促进创新和公平竞争等纳为重点评价指标，另结合项目实际，并考虑其他有助实现“物有所值”的相关因素分析。项目采用 PPP 模式与采用传统政府供给模式相比，是否具有增加供给、优化风险分配、提高运营效率、提升产出收益、促进创新和公平竞争等优势，分析内容举例如下：

（1）是否有利于增加供给

借助社会资本的资本优势，是否有助于缓解短期内政府方的财政压力，从而突破资金瓶颈，加快基础设施及相关公用设施的建设，增加近期公共服务供给。

（2）是否有助于风险分配优化

采用PPP操作模式、社会资本方为追求一定的合理收益，是否承担与其收益相对等的项目设计、投融资、建设、运营和维护风险。从政府方的角度来看，在明确投资回报机制的同时，是否可以将绝大部分核心风险转移给更有能力管控的社会资本方，从而切实降低风险发生的概率，减轻风险带来的损失。是否符合风险分配框架最优风险分配原则、风险收益对等原则与风险有上限原则。

（3）是否有助于提高运营效率

采用PPP操作模式，是否通过引入专业社会资本，是否有效解决政府方专业综合技术能力不足的问题，保障项目运营的可持续性，是否做到“让专业的人做专业的事”，政府部门和社会资本方通过合理分工和加强协调，在激励机制的作用下，可带来“1＋1＞2”的项目运营效果，是否有效提升公共服务效率。

（4）是否有助于节约全寿命周期成本

采用PPP操作模式，从全寿命周期来考虑，是否比采用传统模式更能起到节约成本的作用。一方面，社会资本方将设计和施工进行无缝对接（传统方式下分开实施），在建设管理上更有优势，项目建成后是否由社会资本方继续负责运营，是否在保证质量的前提下尽可能降低建设成本和提高建设质量。项目后续运营管理是否是社会资本方的优势或专长，通过借助竞争程序，社会资本的报价尽可能放大其在运营成本控制方面的优势。

（5）是否有助于发挥规模经济效益

采用PPP操作模式，是否发挥了规模经济效益，是否发挥规模经济的优势，如成本下降、管理人员和工程技术人员的专业化和精简、有利于新技术的开发等。

（6）是否有助于提升产业经济效益

采用PPP操作模式，是否具有可复制性与示范效应。未来，项目公司是否可在本项目成功运作的基础上对外进行综合服务、工程及运营服务的输出，推动相关上下游产业发展，提升区域产业经济效益。

（7）是否有助于促进创新和公平竞争

采用PPP操作模式，项目通过引入多家社会投资人参与竞争，是否可以有效促成良好的公平竞争局面。是否有利于实现政府、企业、百姓的多方共赢。

二、融资方式评估

融资方式是指为筹集资金所采取的方式方法以及具体的手段和措施。同一资金来源渠道，可以采取不同的融资方式；同一融资方式也可以运用于不同的资金来源渠道。评估融资方案时，不仅要评估资金来源渠道是否明确，还必须评估融资方式是否可行，手段和措施是否合理。

外源融资（即外部资金来源）又可以分为直接融资和间接融资。

1. **直接融资**

直接融资方式是指融资主体不通过银行等金融中介机构，而是从资金提供者手中直接融资。

2. **间接融资**

间接融资方式是指融资主体通过银行等金融中介机构向资金提供者间接融资。

公共建筑项目中的自筹资金一般采用间接融资的方式，受不同融资环境的影响，其选用的融资方式也不尽相同，应根据项目单位自身财务状况及国家有关投融资体制规定，合理安排融资方式。在评估融资方式时，应充分考虑融资的成本和偿还的方式，选择最优的融资方式，确保项目财务可行性和经济合理性。

三、资金使用计划评估

对资金使用计划的分析和评价，应着重从下列几个方面进行：项目实施进度规划是否能与资金筹措方式和筹资规划相吻合，是否有调整和修改建议；资金使用规划能否与项目实施进度规划相衔接；各项不同渠道来源的资金使用是否合理、是否符合国家规定；投资使用规划的安排是否科学合理，是否能够达到保证项目顺利实施和资金最优利用的目的。

四、评估结论

评估结论应客观、全面，从项目投资角度对项目是否可行做出评估结论。评估结论一般应包括下列内容：

（1）项目总投资估算是否合理，是否符合项目实际情况。

（2）项目土建、设备及安装工程的估算指标和单价采用是否合理，工程建设其他费用的取定是否符合现行文件。

（3）项目资金来源、资金成本、资金规划、债务偿还与资金效益估算是否可行。

【案例 9-1】某大学新校区图书馆建设项目

项目概况：该大学新校区规划总用地面积约 49.3hm^2（740 亩），分为三个地块，其地块 1 总体规划已经获得文件批复，总占地面积约 20hm^2（300 亩），规划建筑面积 18 万 m^2，主要建设内容包括教学实验用房、图书馆、室外设施配套工程等，该项目结构安全等级为二级，地基基础设计等级为丙级，抗震设防类别为丙类，结构设计使用年限为 50 年，结构形式采用钢筋混凝土框架结构，框架抗震等级为二级。总投资 9.4 亿元（不含与土地相关的费用），本次申报的建设内容为图书馆。

《可研报告》提出，按照综合大学，全校普通全日制在校生 2.3 万人的规模，根据《普通高等学校建筑规划面积指标》（建标 191—2018）测算了建设规模，总建筑面积为 31638.0m^2，地上十层，地下一层，建筑总高度为 48.0m。项目总投资 22318.98 万元。其中：工程费用 18294.60 万元、工程建设其他费 1465.14 万元、基本预备费 1580.78 万元、建设期利息 978.46 万元。项目建设所需资金由该大学自筹、申请政府资金及银行贷款三部分组成。建设期 36 个月。

评估分析：

该项目总体估算偏高，且建设方案中有较多内容未落实，项目单位应在完善建设方案的基础上，按以下评估意见核实投资估算：

（1）明确该项目的投资估算范围，如是否包括室外工程、图书馆设备、信息化系统等。

（2）该项目土建工程总体估算指标偏高。

（3）细化安装工程的投资估算。

（4）工程建设其他费用应按《某省工程建设其他费用标准》及其他现行文件取定。

（5）明确贷款额，合理估算贷款利息。

评估后，《可研报告》根据评估意见进行了修改完善，明确该项目不包括室外工程、图书馆设备、信息化系统的设备等内容，贷款金额为13000万元。评估根据细化后的建设方案，参照专家意见及同类项目的投资对该项目投资估算进行了核实，主要对工程费用中部分工程单价进行了核减，并重新核算了工程建设其他费和预备费。评估后，项目总投资为18900.96万元，其中工程费用15659.26万元、工程建设其他费1053.20万元、预备费1337.00万元、建设期利息851.50万元。与评估前相比，项目总投资核减3418.02万元。

资金筹措：《可研报告》提出，该项目建设所需资金由该大学自筹、申请政府资金及银行贷款三部分组成，其中自筹资金包括：

（1）置换A校区8.34hm^2（125.1亩）土地筹资约7亿～8亿元。

（2）学校每年结余约0.7亿元。

评估分析，上述筹资方案基本可以满足该项目需要，但新校区建设投资额较大，对学校的发展可能产生深远影响，目前的筹措方案中不确定因素较多，且只考虑了图书馆的基本建设投资，距离该大学新校区完全实现教学功能尚有较大差距。评估建议，项目单位应尽快落实土地置换方案，细化财务预算，避免因资金压力影响学校健康稳定发展。

【案例9-2】某省级综合医院建设项目

项目概况：拟建医院占地215119.13m^2（合332.68亩），净用地面积162780.79m^2（合289.37亩），总建筑面积249530m^2，其中A区（综合医疗区）

198360m²，B 区（医学继续教育区、医学科研转化中心以及医政管理区）51170m²。建设规模为床位 1500 张。主要建设内容包括住院楼、门诊、急诊、康复、医技楼、康复中心楼、体检中心楼、全科医师临床培养基地和住院医师规培综合基地、医政管理等。本项目建筑结构安全等级为一级；建筑抗震设防类别为乙类；地基基础设计等级七层及以下为丙级，七层以上为乙级；防火等级为一级；抗震等级框架为一级，剪力墙为一级，地下车库及附属用房为二级；主楼采用梁板式筏板基础，多层采用独立基础或钢筋砼条形基础，主体结构采用框架剪力墙结构。

《可研报告》提出，该项目总投资估算为 214963.55 万元，其中，工程费用 167327.86 万元，工程建设其他费用 25384.46 万元，预备费 19271.23 万元。

评估分析：首先，《可研报告》将医疗器械列入工程费用中欠妥，应将其单独计列，并相应核减工程建设其他费用和预备费；其次，《可研报告》中工程建设方案不尽完善、投资估算分类及部分费用单位不合理，难以准确核实项目投资。《可研报告》应结合各专业建设方案的调整，在方案细化后按评估意见进一步核实投资估算。具体评估意见如下：

（1）根据现行工程计价依据，并参照最新价格信息及同类项目估算指标和价格，合理估算工程造价。

（2）依据现行国家及地方取费标准，合理计取工程建设其他费用。

（3）建设标准应符合政策要求，严格控制项目投资。

评估后，项目总投资为 211098.83 万元，其中工程费用 123417.14 万元、工程建设其他费 20572.71 万元、预备费 14398.98 万元，单列医疗器械购置费 50000 万元。

资金筹措：本次申报项目投资 208388.83 万元，拟采用政府和社会资本合作（PPP）模式融资建设，目前项目已签订“合作合同”。评估分析，该项目投融资模式符合政府与社会资本合作参与公立医院投资建设有关政策。

第十章

建设项目效益评估

政府投资建设项目多数为公益性项目，主要建设目的是为社会公众提供公益性服务，项目建设和持续运营往往不以追求财务盈利为目的，而是注重提升社会公共需求的满意度和推动国民经济和社会事业持续、快速、健康发展。政府投资项目效益评价是对政府投资项目造成社会影响的方方面面因素进行研究，不仅要考虑项目的经济价值，更要考虑项目与国家长远战略、社会发展、社会公平、可持续发展、人与自然和谐相处等诸多因素之间的关系。

第一节 社会效益评价

一、概述

项目社会效益评价是以国家各项社会政策为基础，对项目实现国家和地方社会发展目标所做贡献和产生的影响及其与社会相互适应性所做的系统分析评价。社会效益评价有利于提高社会公众对项目建设与运行的满意度，提高项目对社会经济目标的贡献。

二、社会效益评价的内容和方法

（一）评价内容

项目社会效益评价重点分析项目与当地的社会、人文环境之间的相互作用，预测项目实施对以下方面可能产生的贡献和影响。

1. 收入分配效果

收入分配效果主要是分析建设项目所产生的国民收入净增值在各利益主体之间的分配情况，并评估是否公平合理。

2. 劳动就业效果

劳动就业效果是指项目建设给社会提供的新就业机会。在评价项目就业效果时，要求单位投资提供的就业人数越多越好，就业效果大的方案更有利于社会的安定团结。

3. 自然环境损耗效果

自然资源一般指土地、水源、矿产资源，生物资源和能源资源，评估项目耗损效果有利于节约资源，提高资源利用率。

4. 相关投资分析指标

相关投资分析指标包括计算有关原材料、燃料、动力、水源、运输等协作配套项目的投资效果和计算项目投产后的流动资金占用量。

5. 环境保护效果指标

环境保护效果评估是实施可持续发展战略的重要内容，以达到符合国家标准的环境保护目标为前提选择费用最低的环境措施费用可以有效节约成本。

（二）社会效益评价的方法

1. 前后有无对比法

前后有无对比法是将建设项目实施前与完成后的基本情况加以对比，分析建设目标实现程度。关键点是考察建设项目有无对社会、经济和环境等相关因素的影响，可以采用敏感性分析等定量分析方法，找出项目建设的重要影响因素加以对比研究。

2. 问卷调查法

问卷调查法是一种标准化调查社会信息的方法，关键点是设计科学合理的调查问卷。问卷调查法的优势是覆盖面广，前期开放式调查问卷可以分析被调查者的扩散思维和延伸调查方向，可以列出相关度较高的问题进行一定范围的测试检验。调查问卷发送渠道的通畅和回收的有效性影响调查的实际效果。

3. 参与式观察法

建设项目交付使用后，作为使用者和亲历者进行参与和观察是最直接和有效的研究分析。其优点是直观性和可靠性，但是受到时间和空间限制，偶然因素可能影响其客观性和准确性。

【案例 10-1】某省交通管理车管所综合服务建设项目

项目概况：该项目总用地面积 40040m^2，总建筑面积 8330m^2，地上三层、地下一层，总投资 3998 万元。

评估分析：项目建设能进一步发挥省交通管理职能，有助于全省交警实行现代化指挥管理培训，提高公安交通管理工作的科技含量，促进全省公安交通管理工作整体水平的全面提高。

项目的建设，有利于完善和提高全省道路交通安全功能，为促进全省社会经济的快速发展提供充足的安全保障，为全省各方面事业的健康发展保驾护航，有着显著的社会综合效益。

第二节　国民经济效益评价

一、概述

国民经济效益评价是从国民经济的角度，考察项目的效益和费用，用国家参数计算分析项目给国民经济带来的净效益，评价项目经济上的合理性。经济评价有利于充分合理利用有限资源，使国民经济获得最大的净效益。国民经济效益评价是项目经济评价的关键，是经济评价的主要组成部分，也是项目投资决策的重要依据。因此，在进行项目的经济评价时，必须十分注重国民经济效益评价。

二、国民经济效益评价的内容和步骤

国民经济评价涉及的内容和范围比较广，总结起来主要包括以下内容：

（1）识别和划分投资项目的经济效益和经济费用并进行鉴定与分析，主要包

括直接和间接、内部与外部效果，合理确定项目的经济效益和经济费用。

（2）合理选取和测算项目投入物与产出物的影子价格和经济评价参数并进行鉴定分析。

（3）依据确定的影子价格和国家参数，计算项目经济效益和经济费用等数值进行调整并进行分析。

（4）依据调整的项目经济基础数据编制项目经济评价报表并进行分析评价。

（5）计算、分析和评价项目经济评价指标，主要包括分析项目经济盈利能力，以及分析评价难以用货币价值量化的外部效果。

（6）评价国民经济的不确定性与风险分析，判断项目投资在国民经济效益上的可靠性和抗风险能力。

（7）评价项目技术方案和建设方案的经济效益比较和优选，有利于提高投资决策的合理有效性和项目投资的经济利益。

综合分析评价，提出项目经济评价结论与建议。

第三节 环境效益评价

一、概论

环境效益是衡量生产劳动过程对生态平衡和人类的生态环境的影响，把人民的劳动耗费同耗费这些劳动对人的生态环境变化的影响之间进行比较。从根本上来说，环境效益是经济效益和社会效益的基础。项目环境效益评价，是指对规划和建设项目可能造成的环境影响进行分析、预测和评价，提出预防或者减轻不良环境影响的对策和措施，从而达到预防因规划和建设项目实施后对环境造成不良影响，促进经济、社会和环境的协调发展。

二、环境效益评价内容与方法

生态效益评价内容可从生态环境因素与生态效益的经济效果来分。生态环境因素分为地质、水文（包括地表水、水域和地下水）、土壤（土质、水土流失、植被等）、气象、自然资源（动植物、矿产等）、人口（人群健康、居民迁移等）、自然景观、古迹等。

生态效益作用的经济效果分为环境收益、环境损失与环境费用。环境收益是指由于项目的建设使环境质量提高而引发的收益，一般可用市场价值法估计，即估计项目实施前后各环境因素质量提高的市场价值。环境损失则是指项目实施引起的有害的环境变化。环境费用是指项目实施中为消除不良环境影响所必需的消耗，通常包括环境工程投资、环保工程运行费用及其他环境保护费用。环境净效益就是环境收益减去环境损失与环境费用。以环境净效益为评价指标，当环境净收益为正值时，环境评价可行；当环境净收益为负值时，环境评价不可行。

第四节　结论建议

政府投资公共建筑项目可研阶段效益分析主要是从项目对实现国家和地方的社会发展目标所做的贡献和产生的影响，从国家角度分析项目对国民经济的效益，给出评估结论和建议。

具体评估结论应包括以下内容：

（1）项目建设是否有利于推动社会精神文明发展进步和人们的全面发展；是否能促进产品质量、生活质量、文化水平和教育水平的提高。

（2）项目建设是否有利于推动城市发展，从而带动区域经济发展，保障社会稳定和谐发展。

（3）评估项目是否从国民经济的宏观角度分析拟建项目的效益与成本，并进行比较，从整体判断项目是否可行。

（4）项目建设能否促进改善自然环境与生态环境，使生态环境系统与经济协调发展，取得最大的生态环境经济效益。

第十一章

招投标管理

政府投资公共建筑项目应按照《中华人民共和国招投标法》《中华人民共和国招投标法实施条例》《必须招标的工程项目规定》《工程建设项目招标范围和规模标准规定》等国家相关法律法规、制度规章严格执行招投标程序。

第一节 招标必要性评估

根据《中华人民共和国招投标法》，在中华人民共和国境内进行的大型基础设施、公用事业等关系社会公共利益、公众安全的项目，全部或者部分使用国有资金投资或者国家融资的项目，必须进行招标，且应涵盖项目的勘察、设计、施工、监理以及与工程建设有关的重要设备、材料等的采购等方面。

全部或者部分使用国有资金投资或者国家融资的项目包括：

（1）使用预算资金200万元人民币以上，并且该资金占投资额10%以上的项目。

（2）使用国有企业事业单位资金，并且该资金占控股或者主导地位的项目。

以上提出的各类项目，其勘察、设计、施工、监理以及与工程建设有关的重要设备、材料等的采购达到下列标准之一的，必须招标：

（1）施工单项合同估算价在400万元人民币以上。

（2）重要设备、材料等货物的采购，单项合同估算价在200万元人民币以上。

（3）勘察、设计、监理等服务的采购，单项合同估算价在100万元人民币以上。同一项目中可以合并进行的勘察、设计、施工、监理以及与工程建设有关的重要设备、材料等的采购，合同估算价合计达到前款规定标准的，必须招标。

使用国家政策性贷款的项目，包括项目的勘察、设计、施工、监理以及与工程有关的重要设备、材料等的采购，达到下列标准之一的，必须进行招标：

（1）施工单项合同估算价在 200 万元人民币以上的。

（2）重要设备、材料等货物的采购，单项合同估算价在 100 万元人民币以上的。

（3）勘察、设计、监理等服务的采购，单项合同估算价在 50 万元人民币以上的。

（4）单项合同估算价低于以上 3 项规定的标准，但项目总投资额在 3000 万元人民币以上的。

涉及国家安全、国家秘密、抢险救灾或者属于利用扶贫资金实行以工代赈、需要使用农民工等特殊情况，不适宜进行招标的项目，按照国家有关规定可以不进行招标。除以上特殊情况外，有下列情形之一的，可以不进行招标：

（1）需要采用不可替代的专利或者专有技术。

（2）采购人依法能够自行建设、生产或者提供。

（3）已通过招标方式选定的特许经营项目投资人依法能够自行建设、生产或者提供。

（4）需要向原中标人采购工程、货物或者服务，否则将影响施工或者功能配套要求。

（5）国家规定的其他特殊情形。

此外，一些省市根据自身情况，出台了针对本省范围内建设项目的招投标相关规定，如《山西省工程建设项目勘察设计招投标实施细则》第二、三条规定：所有在山西省境内进行下列工程建设项目其勘察费单项合同估算价 20 万元（人民币）以上、设计费单项合同估算价 30 万元以上或工程建设项目总投资在 2000 万元以上时必须进行招投标；大型基础设施、公用事业等关系社会公共利益、公众安全的项目；全部或部分使用国有资金投资或者国家融资的项目；使用国际组织或者外国政府贷款、援助资金的项目。

政府投资的公共建筑一般情况下均属于大型基础设施、公用事业等关系社会公共利益、公众安全的项目，且全部或者部分使用国有资金投资或者国家融资，因此除特殊情况外，在上述资金额度要求范围内，都应执行招投标程序，并同时结合项目所在地的相关法规。

政府投资公共建筑项目的可行性研究报告应针对建筑工程费、设备购置费、勘察费、设计费、工程监理费列出详细数额，并严格对照国家和地市法规给出是否进行招投标的详细说明。

第二节 招标类型评估

按照国家有关规定需要履行项目审批、核准手续的依法性必须进行招标的项目，其招标范围、招标方式、招标组织形式应当报项目审批、核准部门进行审批、核准。项目审批、核准部门应当及时将审批、核准确定的招标范围、招标方式、招标组织形式通报有关行政监督部门。进行招标项目的相应资金或者资金来源应当落实。

招标分为公开招标和邀请招标。公开招标，是指招标人以招标公告的方式邀请不特定的法人或者其他组织投标。邀请招标，是指招标人以投标邀请书的方式邀请特定的法人或者其他组织投标。

国有资金占控股或者主导地位的依法必须进行招标的项目，应当公开招标；但有下列情形之一的，可以邀请招标：

（1）技术复杂、有特殊要求或者受自然环境限制，只有少量潜在投标人可供选择。

（2）采用公开招标方式的费用占项目合同金额的比例过大，但需要履行项目审批、核准手续的依法必须进行招标的项目，应由项目审批、核准部门在审批、核准项目时做出认定；其他项目由招标人申请有关行政监督部门做出认定。

国务院发展计划部门确定的国家重点项目和省、自治区、直辖市人民政府确定的地方重点项目不适宜公开招标的，经国务院发展计划部门或者省、自治区、直辖市人民政府批准，可以进行邀请招标。

招标人有权自行选择招标代理机构，委托其办理招标事宜。招标人具有编制招标文件和组织评标能力的，可以自行办理招标事宜。依法必须进行招标的项目，招标人自行办理招标事宜的，应当向有关行政监督部门备案。

政府投资公共建筑项目的可行性研究报告应针对建筑工程、设备购置、勘察、设计、工程监理等服务明确招标方式，并确定拟选择的招标公告发布媒介和招标代理机构。

第三节　结论建议

政府投资公共建筑项目的可研阶段主要是明确是否招标并提出招标方式，对该内容进行评估应根据国家相关规定，并结合项目所在地的招投标相关条例，给出评估结论和建议。

其中评估结论应包括以下内容：

（1）明确项目方对项目建设是否必须进行招标的判断是否合理。

（2）针对应进行招投标的项目，项目方对建筑工程、设备购置、勘察、设计、工程监理等服务是否应进行招标的判定是否合适。

（3）对于应进行招投标的服务项目，招标方式确定和招标代理机构的选择是否合规。

第十二章

案 例 分 析

案例一：

某传媒基地建设项目（可研报告）评估意见

【内容提要】近几年来，全国广电行业迎来加速转变的时期，伴随着广播影视新媒体、新业态高速发展势头，广播电视由以前的单一媒体播出向全媒体播发方向发展，正在逐步形成符合文化生产力发展要求的跨领域、跨区域、跨行业、跨终端的立体传播体系。为适应形势，提出新建传媒基地建设项目。

现有的基础设施建于20世纪六七十年代，建筑面积仅3万m^2，场地狭小，建筑零乱，设施老化，演播厅缺乏，基础设施位列全国倒数位置。陈旧的设施、不合理的布局、拥挤的空间，已成为制约全省广电发展的“瓶颈”，影响广播、电视的安全和正常运营。评估认为项目建设是必要的。

项目准备阶段，该项目取得发改部门关于项目建议书批复；环保部门关于项目环境影响报告批复；国土资源部门关于项目用地预审意见；规划部门出具的建设项目选址意见书。项目前期工作进展顺利。

《可研报告》（修改版）设计项目总用地面积23.0hm^2，净用地面积13.3hm^2。总建筑面积约30万m^2，工程分两期完成，其中一期工程建筑面积20万m^2，二期工程建筑面积10万m^2。整个传媒基地将集广播电视节目制作、集成播出、传输和多功能服务为一体，初步确定由核心区、演播区和多媒体数字网络发展区组成。评估认为《可研报告》（修改版）在分析该省广播电视事业的发展现状及未来发展方向的基础上，针对各类专业性业务用房、设备配置和布置初步方案确定的建设内容、标准和规模基本合理。

《可研报告》（修改版）建筑工程方案部分在听取评估专家意见的基础上，充分考虑技术经济条件，对建筑方案进行了重新调整（原方案主楼39层，高240m，调整为主楼19层，高99.9m，其他建筑相应调整），并对建筑工程、结构工程、电气工程、暖通工程、给水排水工程、消防安全、节能环保等均进行了修改补充。评估认为各工程方案设计基本满足可研阶段要求，方案基本合理可行。

本评估对项目投资做了进一步的核实调整，调整后总投资为22.94亿元，较《可研报告》核增0.94亿元，其中一期工程投资16.0亿元，核减0.20万元。二期工程投资6.94亿元，核增0.94亿元。

《可研报告》提出本工程资金可通过四渠道筹措，其中省级财政资助1.5亿元、自筹资金7.5亿元、现址置换资金7.0亿元、银行贷款6.0亿元。评估总投资核增0.94亿元，经与建设单位沟通，可自筹解决。

评估认为：可研编制单位修改后的《某传媒基地建设项目可行性研究报告》内容完整，达到可行性研究报告深度要求；本项目符合广电行业发展方向，满足全省广播电视持续快速发展的需要，建设规模确定基本合理；项目设计起点高，设计方案先进合理；投资估算经调整后较为合理。项目实施后可有效改善全省广电事业基础设施现状，适应全省广播电视生存发展的新形势，对促进全省经济发展、社会进步、改善公共文化服务意义重大，项目建设是必要的。

××××××（委托部门）：

根据委托，我单位对××传媒基地建设项目进行评估。我单位成立项目评估组，于××年××月××日—××日召开了项目评估调研会，参会单位有宣传、发改、广电，以及国家级广电广播电影电视设计单位、国家级广电研究机构等单位领导和专家，专家经对资料研究分析、现场踏勘和会议讨论质询，对报告提出了修改意见。建设单位与可研编制单位在听取评估专家意见的基础上，充分考虑技术经济条件，对建筑方案进行了重新调整，补充完善了专家意见。现我单位完成了《××传媒基地建设项目可行性研究报告》（简称《可研报告》）的评估工作，主要意见报告如下：

一、项目基本情况

（一）项目概况

××年××月，项目建设单位上报了《可研报告》，报告提出：项目建设地点为××省××市，净用地面积13.3hm^2，总建设规模30万m^2，分两期建设，总工期60个月。其中，一期工程建筑面积为20万m^2；二期工程建筑面积

10 万 m^2。估算总投资约 22 亿元，其中：一期投资约 16 亿元（含征地费），二期投资约 6 亿元。

（二）项目建设背景

现传媒基础设施建于 20 世纪六七十年代，建筑面积约 3 万 m^2，职工 3000 多人。当前，我国广播影视事业正处在由模拟向数字化转换的阶段，广播电视新媒体、新方式不断涌现，由于受场地狭小、用房拥挤限制，新的技术设施难以改造和引进，导致广电技术设施落后，严重影响着全省广电事业的发展。为此，建设单位提出建设传媒基地，以满足加快全省广电事业发展的迫切需要。

二、项目建设必要性

（一）全面贯彻落实十九大会议精神的需要

党的十九大明确提出要加强文化建设，推动文化大发展大繁荣。这一伟大美好目标的实现，离不开广播电视这种直接最具影响力的大众传媒。我国在经济、政治、文化、社会各方面的建设要通过广播电视来宣传、鼓动，人与人、人与社会、人与自然的和谐状态也需广播电视进行及时客观报道，给广大的人民群众以引导和鼓励。而广播电视能否发挥好自己独特的功能和应有作用，与电台、电视台设施的状况又直接相关，现代化的设备和高效的广播电视基础设施，是其履行社会功能的基本保证。因此，建设省级传媒基地项目全面贯彻落实十九大会议精神的需要。

（二）是适应全省社会经济发展新形势的需要

该省历来名人辈出，文化底蕴深厚，有着全国数量最多的历史文化遗迹。进入 90 年代以来经济发展迅速，文化事业蒸蒸日上，是我国文化大省之一。改革开放以来，该省广播电视事业，在国内有一定的影响和声望，但总的来说比东部沿海省份还有较大差距，设施落后，对新技术的跟进运用不够及时。目前，广播电视依然是该省人民获得各种信息、丰富精神文化生活的主要渠道之一，伴随着我国广电事业的快速发展，广播电视新媒体、新方式不断涌现，人民群众对广播电视节目质和量的需求以及在静止或移动环境中接收广播电视的要求也在不断增长。为此，适时建设传媒基地，为全省广电事业建立一个新的现代化的全数字的广播电视节目制播基地，是适应全省社会经济发展新形势的需要。

（三）是全省广播电视自身生存发展新形势的需要

广电事业经过近30年的发展，电视频道已由1个增加到15个，广播频率已由1个增加到8个，播出时间增加十几倍，从目前广电发展趋势上仍在继续增加频道、频率以及网络广播电视台和各种新媒体业务。而广电基础设施却依然是30年前的状态，人均用房面积不足12m^2，场地狭小，用房拥挤，建筑零乱，设施老化，技术落后，演播厅缺乏，不仅落后于经济发达省份，同时也明显落后于中西部经济欠发达省份，严重制约了该省广电事业的发展。因此，建设传媒基地，是有效改善全省广电事业基础设施、满足全省广播电视自身生存发展新形势的需要。

三、项目建设条件

（一）建设选址条件

传媒基地建设场地选址在××市，用地总面积为23.0hm^2。建设场地现为耕地，场地位置的交通运输条件较好，场地周边供电、供水、排水、燃气和电信等基础设施条件将逐渐具备，周边环境和区位环境能够满足广播电视传媒基地工程建设的工艺要求。

项目建设选址已取得规划部门出具的项目初步规划意见、规划设计条件通知书及建设项目选址意见书，以及国土资源管理部门出具的建设项目用地预审的意见。评估认为，该项目建设选址条件基本具备。

（二）其他前期条件

该项目已取得发改部门出具的项目建议书批复，批复该项目总建筑面积约16.5万m^2，总投资估算8亿元。项目环境影响报告书已获得了环境保护部门的批复。

四、建设内容和规模

目前我国尚无广播电视传媒基地（台）建设标准，各省市均视自身发展情况和自办节目的套数、自制节目的量（时间）和新型多功能业务发展情况确定建设规模。为此，省级广播电视管理机构根据当时的发展实际需要上报了《×× 传媒基地建设项目建议书》，提出项目主要建设的内容为新闻中心、无线传输中心、数字数据传输中心、影视制作中心、播控中心、安全播出指挥中心、演播厅、办公及配套设施等，总建筑面积为 16.5 万 m^2，予以批复。

根据省文化体制改革后的实际需要，建设单位编制了《×× 传媒基地建设项目可行性研究报告》，提出本项目建设规模为总建筑面积 30 万 m^2，分一、二期建设。一期工程建筑面积 20 万 m^2，主要内容及规模包括：广播节目制播用房 12640m^2，电视节目制播用房 50660m^2，网络新媒体制播用房 14100m^2，数字传输中心用房 810m^2，广电信息网络前端技术用房 14800m^2，编辑办公会议用房 42000m^2，×× 省广播电视报 1500m^2，广播电视文化交流中心 17000m^2，生活及物业管理用房 4800m^2，水风电设备用房 13690m^2，地下车库（600 辆）25000m^2，武警用房 3000m^2。二期工程建筑面积共计 10 万 m^2，主要建设内容及规模包括：电视剧制作中心 18800m^2，动漫制作中心 10000m^2，广播电视艺术中心 11000m^2，新媒体实验中心 10200m^2，影视外景拍摄制作基地（含摄影棚）21000m^2，生活及物业管理用房 6000m^2，水风电设备用房（动力中心）7000m^2，地下车库（400 辆）16000m^2。

评估认为，《可研报告》对工程建设内容及规模的确定依据不够充分，缺少对工程建设需求的系统分析，尤其缺少详细的各类专业性业务用房规模论证分析过程。评估建议《可研报告》应结合全省广播电视事业的发展现状、存在问题以及未来发展方向和思路，从总体上对本工程的建设需求进行适当补充说明。针对各类专业性业务用房，应在专业设备配置和布置初步方案的基础上，结合现状和未来一段时期业务发展需要，确定合理的建设标准和规模。同时，作为改革后成立的广播电视台，建议在确定各类专业用房时要充分考虑资源共享。

《可研报告》（修改版）根据评估意见补充了各类工艺技术用房的规模确定依

据，重点从节目构成、节目需求、占用倍率等角度补充论证了录音室、直播室、演播室等主要工艺技术用房的建设需求，并以建设需求为依据最终确定各类工艺技术用房的建设规模。由于《可研报告》（修改版）根据评估意见并结合技术经济条件更换了建筑规划方案（详见建设方案部分），对部分工艺技术用房的使用面积也做出了相应调整，如演播室装备数量及规模由 2000m^2 多功能大型演播室 1 套、800m^2 演播室 2 套、480m^2 演播室 4 套及 200m^2 演播室 11 套，调整为 2000 m^2 多功能大型演播室 1 套、1000m^2 演播室 1 套、800m^2 演播室 1 套、480m^2 演播室 4 套及 200m^2 演播室 10 套。二期工程建设内容中取消了电视剧制作中心和新媒体实验中心，相应调整了动漫制作中心、广播电视艺术中心、影视外景拍摄制作基地、水风电设备用房及地下车库面积。调整后的建设内容及规模如表 12-1 所示。

评估认为，《可研报告》（修改版）补充的各类用房规模确定依据较为充分，项目建设内容及规模基本合理。

评估调整后工程建设内容及规模 表 12-1

序号	房间名称	建筑面积（m^2）
一	一期工程	
1	广播节目制播用房	12640
2	电视节目制播用房	50660
3	网络新媒体制播用房	14100
4	数字传输中心用房	810
5	广电信息网络前端技术用房	14800
6	编辑办公会议用房	42000
7	广播电视报	1500
8	广播电视文化交流用房	17000
9	生活及物业管理用房	4800
10	水风电设备用房	13690
11	地下车库	25000
12	武警用房	3000
	小计	200000
二	二期工程	
1	动漫制作用房	20000

续表

序号	房间名称	建筑面积（m^2）
2	广播电视艺术用房	34000
3	影视外景拍摄制作基地（含摄影棚）	20000
4	生活及物业管理用房	6000
5	水风电设备用房（动力用房）	6000
6	地下车库	14000
	小计	100000

五、建设方案

（一）建筑设计

《可研报告》通过对两个建筑规划方案进行比选，选择方案1为本工程建筑方案，具体建筑设计内容如下：

1. 功能分区

本工程整体建筑功能分为一、二期布局建设。一期建筑包括广播电视传媒基地建筑群、新媒体及传输大厦、后勤及武警用房及文化交流中心。广播电视传媒基地建筑群分为主楼、演播楼两个部分。主楼建筑高度240m，39层，裙楼3—5层。场地中部东侧设置新媒体及传输大厦及后勤、武警用房。场地东部北侧为文化交流中心。二期位于场地西侧，场地西南侧为影视剧场及广播电视艺术中心，场地中部设媒体广场及外景拍摄场地，场地西北侧为新媒体及动漫制作中心及影视拍摄制作用房等。

2. 建筑形象及内部空间

主楼高240m，采用流线型建筑形态；建筑细部设计中采用呼吸式幕墙、光伏幕墙等建筑构造，设置空中生态景观大厅和LED点阵幕墙；主楼内部设计一个15层通高的生态景观中庭，中庭中间“悬浮”一个空中演播室，其玻璃表皮下植入LED点式矩阵；主楼建筑侧面设置通高的景观边庭。

3. 交通组织

整个用地南北设计车流出入口，东西为主要人流入口，做到人车分流。汽车进入后直接进入地下停车场，通过管理用地尽量形成闭合的步行区。场地内外环道路能够方便地到达每一栋建筑，为建筑使用提供便捷的交通保障。

评估认为，《可研报告》在工程建筑方案的设计比选时只进行了简单说明和比较，没有完全达到本阶段多方案比选分析论证的深度要求，建议对招标阶段总体方案的比选论证过程适当补充说明，并针对建筑设计提出如下意见：

（1）呼吸幕墙造价颇高，而且消防安全问题难以解决，同时，使用玻璃幕墙还存在房间相互间串音问题，而广播电视大楼本身对房间隔音要求较高，因此建议慎重选用。

（2）广播电视传媒基地应进行无障碍设计，且必须符合《无障碍设计规范》（GB 50763）的规定。

（3）建筑平面设计中，贵宾休息室面积不足，化妆室、会议室设计应区分不同规格，办公楼内每层应设清洁间。

（4）作为超高层建筑，主楼应考虑设置避难层。

（5）建议完善建筑空间设计，明确空间尺度，其中主楼高度要根据实际需要确定，标准层不宜过高。

（6）裙楼结构柱网与建筑平面布局相矛盾，建议仔细斟酌柱网的形式。

《可研报告》（修改版）根据评估意见对建筑规划方案分别从设计理念、建筑形象、建筑规划布局、功能分区以及经济性等方面进行了重新比选。方案 1 为超高超限建筑，且大量技术用房集中于 240m 高的主楼当中，使建筑层高较高，不利于建筑结构的稳定性，建设及维护成本较高；方案 2 为高层建筑，主楼平面方正，结构便于实现，有利于内部房间的灵活划分，建设及维护成本较方案 1 低，因此选择方案 2 为推荐方案。方案 2 主要经济技术指标如下。

（1）总用地面积：23.0037hm^2

净用地面积：13.2785hm^2

（2）总建筑面积：300000m^2

一期总建筑面积：200000m^2

其中：地上建筑面积：173000m^2

地下建筑面积：27000m^2

二期总建筑面积：100000m^2

其中：地上建筑面积：80000m^2

地下建筑面积：20000m^2

（3）总建筑占地面积：46000m^2

（4）总容积率：1.90

（5）总建筑密度：34%

（6）总绿地率：38%

（7）建筑高度：99.9m

（8）建筑层数：地上 19 层，地下 1 层

（9）机动车停车位：一期地下 600 辆，地上 400 辆，

二期地下 400 辆，地上 100 辆

《可研报告》（修改版）相应补充了推荐方案的建筑设计说明，并根据上述评估意见对建筑方案进行了修改完善。主要包括：取消了呼吸式幕墙，主楼立面选用竖向的条形石材幕墙；增加贵宾室面积和清洁间，对化妆室、会议室进行分类设计；补充了建筑无障碍设计；裙房结构柱网取消了三角柱网，采用矩形柱网等。

评估认为，《可研报告》（修改版）补充完善的规划方案比选客观合理，选择方案 2 为推荐方案，在满足规划条件的同时，能有效避免方案 1 存在的结构安全隐患及呼吸幕墙、避难层、空间尺度、结构柱网等问题，方案 2 建筑设计较为合理。建议下一阶段进一步深化平面图设计，根据评估提出的“在贵宾休息室内设有服务间及单独使用的卫生间、在化妆室的卫生间内应设有供卸妆时用的淋浴设施、演播厅内应设置 LED 大屏和机房控制室、门厅入口处应设门斗或采用其他防寒措施、地下车库应设置管理服务值班室、车库顶部应做防火的保温设计”等意见进行完善。

（二）结构工程

《可研报告》提出本工程超高层主楼，地下采用现浇型钢混凝土柱，现浇钢筋混凝土梁、板及地下室外墙。地上采用钢结构框筒结构体系，现浇钢筋混凝土楼板；超高层结构抗侧力体系为钢结构框筒结构，内部柱布置竖向支撑形成核心。

评估针对原方案结构工程提出如下调整意见：

（1）本工程属于超高层建筑，因此抗侧力体系宜采用内部钢筋混凝土核芯筒，外部为钢框架或型钢混凝土框架，而不是钢结构框筒结构体系。

（2）结构设计中的活荷载标准值应注明一些特殊部位的荷载，如大型演播室的吊挂荷载。

（3）结构部分的设计规范应依据修订后的最新版本，如《建筑抗震设计规范》应依据新颁布版本。

（4）不宜将所有建筑的抗震设防类别定为乙类，应根据建筑物的重要性及使用功能确定建筑物的抗震设防类别。

（5）本工程为超高层建筑，根据《建筑抗震设计规范》应按规定设置建筑结构的地震反应观测系统，建筑设计应留有观测仪器和线路的位置。

（6）从结构安全性考虑，需要大空间、大层高的房间不宜设置在超高层主楼内，建议做进一步论证。

（7）主楼地下室层数要根据建筑物的高度及建筑物的稳定性确定并考虑基坑支护的费用。

《可研报告》（修改版）由于更改了规划建筑方案，即调整后的高层建筑高度不超过100m，因此，不再需要设置建筑结构的地震反应观测系统，结构体系拟采用钢筋混凝土框架—核心筒形式。同时，《可研报告》（修改版）根据评估意见补充了演播室吊挂荷载取值、根据房屋功能重新区分了建筑物抗震设防类别、补充了地基基础方案、更改了设计规范依据。评估认为，调整后的结构工程建设方案基本可行，建议下阶段根据建筑方案的调整，对结构方案进行深入优化设计，确保建筑结构安全。

（三）电气工程

《可研报告》提出本工程播出系统、卫星系统、微波系统、计算机系统、电话系统、防盗系统、消防设备用电属一级供电负荷，其余用电为二级或三级负荷，总用电量约为39000kW。根据负荷等级及用电量，《可研报告》进行了供电方案、设备选型及防雷、接地设计。照明系统包括一般照明、应急照明、航空照明和夜景照明。针对电气工程建设方案，评估提出如下意见：

（1）《可研报告》中缺乏电气设计所依据的规范和规程，建议补充。

（2）本工程变压器选择偏大，应把主要设备的用电负荷列表统计，从而保证用电负荷更为准确，也更接近实际。

（3）柴油发电机作为备用电源不仅保证广播电视节目的传输，还应包括一些一级负荷用电。应简单说明本工程在什么位置设置变电所，共有几座变电所，尤其是主楼部分高度为240m，中间及上部用电负荷相对较大，中间部位应设置10kV变电所。

（4）应把主要房间的照度标准以及功率密度值的要求列出。

（5）演播厅灯光照明控制系统应设有一个和512信号混搭环状网，且是独立的网络系统，《可研报告》中未提及，建议补充。

（6）因本工程有大量的可控硅调光设备，会产生大量次谐波，《可研报告》应明确次谐波治理方式。

《可研报告》（修改版）根据评估意见针对上述问题对电气工程建设方案进行了深化设计，主要包括：补充了电气设计依据、主要设备的用电负荷、主要房间照明功率密度、谐波处理方案等。评估认为，修改后的电气工程方案设计深度基本能够满足可研阶段要求，建设方案较为合理，但总用电指标偏高，建议下阶段做进一步核实，并根据评估意见明确变电所设置数量及位置。

（四）暖通工程

《可研报告》主要从气象参数、室内设计参数及设计标准、冷热负荷估算、采暖热源及其参数、空调冷热源及其参数、采暖及空调系统形式、通风系统、热能动力等方面对该项目暖通工程建设方案进行了设计。评估认为，暖通工程建设方案总体可行，但尚有一些问题需要改进，建议从以下方面做进一步修改完善：

（1）公用工程设计标准中提出该项目的空调系统仍沿用传统的空调形式，与建筑时代特征不相符合。建议在空调系统设计中充分体现节能理念，采用新技术、新设备。例如，舒适性空调可采用温湿度独立控制系统，以提高制冷供水温度、加大系统供回水温差从而达到节能的目的。

（2）业务用房的空调消声设计方案宜细化，对噪声控制有特殊要求的大、中型演播厅，宜设置独立空调系统且对空调机房不应贴邻演播大厅，防止空调设备噪声的传播。

（3）根据可研编制深度的要求，宜按照房间使用功能的不同，分别列出各功能区房间的冷、热负荷指标及冷、热负荷估算值。

（4）本项目主楼为超高层建筑，应对空调水系统进行压力分区，以保障空调系统管材、阀件及主要设备的使用安全。

（5）大、中型演播厅灯光散热量较大，宜采用机械通风系统用以消除大量余热，减少室内冷负荷，减轻空调设备的负担。

（6）可研中采用的室外气象参数过时，应采用地方节能标准提供的气象参数。

（7）制冷机房、换热站的主要设备应有选型方案。

《可研报告》（修改版）根据评估意见增加了空调系统节能举措，对空调系统的消声减振措施做了详细阐述，分别列出了各功能区房间的冷、热负荷指标及冷、热负荷估算值，补充了空调及通风系统的自动控制以及制冷机房和换热站主要设备的选型方案。由于没有在地方节能标准中找到空调室外设计参数，因此采用《实用供热空调设计手册》（第二版）中所提供的室外设计参数。评估认为，修改后的暖通工程建设方案符合本阶段要求，方案内容合理可行。

（五）给水排水工程

《可研报告》提出的给水排水工程建设方案主要包括给水水源、给水系统、热水系统、饮用水系统、景观水系统、污水系统、雨水系统等内容。

评估认为，给水排水工程建设方案内容较为全面，能够满足可研阶段要求且合理可行，但尚有一些问题需要改进，具体意见如下：

（1）应明确景观水水源。

（2）生活热水应考虑太阳能加热，以节省传统能源。

（3）雨水利用建议主要以绿地、路面、硬化地面渗透为主。

（4）建议屋面雨水排水系统重现期 P ＝ 10 年，屋面雨水排水系统和溢流设施总排水能力重现期 P ＝ 50 年。

（5）建议明确同一时间内的火灾次数和同时灭火用水量。

（6）室内消火栓系统与湿式自动喷水系统应分别设置增压、稳压装置。

（7）室内消火栓系统用水量 40L/s，设置两套水泵接合器则补充水不足，建议核实。

（8）室内净空高度超过 12m 部位，应明确采用何种消防设施保护。

《可研报告》(修改版)全部采纳了上述评估意见，针对上述问题对给水排水工程建设方案做出了修改完善和补充说明。

六、消防安全

《可研报告》分别从建筑防火、结构防火、消防报警及控制、消防灭火系统、空调系统防火、劳动安全卫生等方面对该项目消防与劳动安全进行了设计。评估认为,《可研报告》中应依照《高层民用建筑设计防火规范》5.1.5 条规定，明确说明该工程防火分区如何设置，对于超出规范范围的部分也应表明如何用性能化设计的概念来设计。同时，消防报警及控制部分过于简单，因为是超高层建筑，现有国家规范已无法满足要求，对一些特殊的高大空间或特殊场所采用何种技术的探测手段,《可研报告》中应有相应描述。

《可研报告》(修改版)根据评估意见进一步完善了消防报警及控制方案，补充说明建筑内部防火分区应严格遵守国家建筑消防的法规和规范，但未对防火分区进行设计，评估建议下一阶段尽快深化完善建筑消防体系设计，以确保建筑的消防安全。

七、节能与环保

《可研报告》从建筑节能、变配电及照明节能、采暖空调节能、给排水节能、卫生洁具节水、空调系统节水、雨水回用等方面论述了该工程的节能节水措施，提出了项目影响环境因素及相应环保措施。评估针对该项目节能与环保提出如下意见：

(1)《可研报告》对项目的供热、制冷等配套热源及冷源的能源利用形式研究较浅，建议做较为详细的调研与分析，因地制宜、合理用能，提出更为科学的能源应用方案。项目利用电厂冷凝余热供热潜力巨大，可与电厂合作，考虑区域能源供热方案；同时，国家绿色建筑标准对再生能源的利用有量化的标准，本工程是否能达到，报告中缺乏相应论述，建议补充。

(2)建议充分考虑光伏发电板、LED 光源的应用，可利用到庭院、路灯、地下车库等处照明及专用灯具，依靠技术手段支撑节能减排。

（3）补充完善项目各项用能工艺的能耗估算量，为下一步能评工作提供基础数据。

《可研报告》（修改版）根据评估意见对部分节能措施进行了深化和完善，修改后项目节能措施主要包括建筑节能、电气节能、空调节能、给水排水节能、建筑智能化节能等方面，基本能够满足评估要求。

八、投资估算及资金筹措

（一）投资估算

《可研报告》提出本项目总投资为22.0亿元。其中，工程费用17.18亿元（不含工艺设备投资），工程建设其他费用1.47亿元，土地费用2.0亿元，工程预备费0.93亿元，建设期利息0.42亿元。

评估认为，本工程投资估算的编制依据合理，估算方法基本正确。但存在一些漏项和不合理之处，具体意见如下：

（1）根据建设内容、规模及建设方案的调整相应核实并调整投资估算。

（2）为提高投资估算准确性，建议按单体建筑估算工程造价。

（3）建筑结构工程造价指标2200元/m^2偏低，主楼地基费用要单独考虑，建议进一步核实。

（4）十层以上建筑地下部分应按投影面积设人防地下室，但投资估算中未见人防部分的投资，请补充人防门、人防设备等投资。

（5）《可研报告》采暖系统分为高、中、低区系统，采暖系统的形式为上供、下回单管顺流式系统，并采用散热器产品，但采暖系统投资在估算中未见相应内容，建议核实。

（6）《可研报告》中建筑智能化系统分为：多媒体信息基础设施系统、建筑设备监控系统、安全防范系统、智能化系统集成、多媒体环境及展示系统等5大系统，每个大系统又分为若干个小系统。但投资估算中的建筑智能化系统所列内容与《可研报告》不对应，建议复核。

（7）给水排水及消防单价120元/m^2偏低，建议进一步核实。

（8）建筑夜景照明工程估价偏高，建议核实。

（9）《可研报告》提出对场地周围的水渠和高压线在本项目建设前需作迁移处理，但投资估算中没有相应投资，建议核实补充。

（10）施工图审查费应按照最新发布的规定进行核实。

（11）三通一平费及临时设施费应按《××省工程建设其他费用标准》中场地准备及临时设施费的相关规定执行（建设工程总投资1亿元以上的按0.8%费率计算）。

（12）高可靠性供电费应按《××省工程建设其他费用标准》中的相关规定执行。

（13）应按《××省工程建设其他费用标准》中的相关规定增加职工培训费和办公及生活家具购置费。

（14）基本预备费费率5%偏低。预备费费率应按8%～12%计取。

《可研报告》（修改版）根据评估意见对投资估算进行了核实调整，其中一期工程总投资调整为16.0亿元，二期工程总投资调整为6.0亿元。

投资估算调整内容主要包括：

（1）在建筑结构工程中增加了单体建筑投资估算，建筑结构工程造价指标由2200元/m^2调增为2262元/m^2，投资共计核增1236万元。具体指标及投资如表12-2所示

《可研报告》（修改版）建筑结构工程投资估算　　表12-2

序号	工程或费用名称	数量（m^2）	指标（元）	总价（万元）
1	建筑结构工程	200000	2262	45236
1.1	主楼			
1.1.1	主楼地上建筑结构工程（19层）	88000	2500	22000
1.1.2	主楼地下建筑结构工程（1层、含人防）	8200	3000	2460
1.2	中演播楼			
1.2.1	地上建筑结构工程（3层）	12000	2200	2640
1.3	大演播楼			
1.3.1	地上建筑结构工程（3层）	18000	2200	3960
1.3.2	地下建筑结构工程（1层）	12400	2500	3100
1.4	新媒体及传输大厦			

续表

序号	工程或费用名称	数量（m^2）	指标（元）	总价（万元）
1.4.1	地上建筑结构工程（3 层）	30000	1800	5400
1.4.2	地下建筑结构工程（1 层）	4800	2200	1056
1.5	广电文化交流中心			
1.5.1	地上建筑结构工程（12 层）	15000	1800	2700
1.5.2	地下建筑结构工程（1 层）	1600	2000	320
1.6	后勤楼			
1.6.1	地上建筑结构工程（3 层）	7000	1600	1120
1.7	武警楼			
1.7.1	地上建筑结构工程（3 层）	3000	1600	480

（2）在建筑装修工程中，演播室声学装修投资估算指标由 2000 元 /m^2 调整为 2500 元 /m^2，简单装修投资估算指标由 500 元 /m^2 调减为 300 元 /m^2，精装修投资估算指标由 800 元 /m^2 调减为 600 元 /m^2，建筑装修工程投资共计核减 588.9 万元。

（3）核实建筑智能化系统工程投资估算，估算内容与建设方案相统一，投资调整为 7550 万元，共计核减 380 万元。

（4）工艺管线预埋工程投资估算单价由 20 元 /m^2 调减为 15 元 /m^2，共计核减投资 100 万元。

（5）电梯工程根据建设方案变化相应调整投资估算，核减投资 140 万元。

（6）室外工程中，围墙大门工程投资估算指标由 800 元 /m 调减为 700 元 /m，建筑液晶照明工程投资估算指标由 100 元 /m^2 调减为 60 元 /m^2，室外工程共计核减投资 823.8 万元；

（7）根据工程直接费用变化相应调整其他工程费用，核增投资 797.78 万元。

评估认为，《可研报告》（修改版）投资估算并未根据评估意见对给水排水及消防工程单价、基本预备费费率进行调整，也未增设职工培训费和办公及家具购置费；同时，调整的部分仍存在一些不合理的地方，包括：建筑结构工程造价仍然偏低，其他工程费用中的建设单位管理费偏低、设计费偏高等。因此，评估对本项目投资估算进行了进一步的核实调整，核增了建筑结构工程和给排水及消防工程投资估算指标，部分声学装修工程放入二期进行，并根据直接工程费用的变动相应调整了其他工程费用，工程预备费率按 8% 计列，土地费用按实际费用进行调整。调整后一期工程投资共计 16.0 亿元，其中工程直接费用 12.02 亿元（不含工艺设备投资），工程建设其他费用 1.01 亿元，土地费用 1.5 亿元，工程预备费 1.04 亿元，建设期利息 0.43 万元，较评估前投资共计核减 0.20 万元。二期工程总投资共计 6.94 亿元，其中工程直接费用 5.96 亿元（不含工艺设备投资），工程建设其他费用 0.47 亿元，工程预备费 0.51 亿元，较评估前投资共计核增 0.94 亿元。建议根据劳动定员增加职工培训费和办公及家具购置费两项投资估算。在设计阶段严格控制建设标准，确保投资估算在可控范围内波动（表 12-3）。

总投资评估前后对比表 表 12-3

序号	名称及金额	可研报告（万元）	评估报告（万元）	差额（万元）
1	总投资	219994.94	229420.81	+9425.87
1.1	工程直接费费	171760.28	179827.17	+8066.89
1.2	工程建设其他费	14682.54	14774.51	+91.97
1.3	土地费用	20000.00	15021.00	−4979.00
1.4	工程预备费	9322.14	15567.94	+6245.80
1.5	建设期利息	4230.00	4230.00	0.00
2	一期工程投资	159997.45	159997.25	−0.20
2.1	工程直接费费	119149.46	120236.51	+1087.05
2.2	工程建设其他费	10152.87	10084.09	−68.78
2.3	土地费用	20000.00	15021.00	−4979.00
2.4	工程预备费	6465.12	10425.65	+3960.53
2.5	建设期利息	4230.00	4230.00	0.00
3	二期工程投资	59997.49	69423.56	+9426.07
3.1	工程直接费费	52610.82	59590.66	+6979.84
3.2	工程建设其他费	4529.65	4690.42	+160.77
3.3	土地费用	0.00	0.00	0.00
3.4	工程预备费	2857.03	5142.49	+2285.46
3.5	建设期利息	0.00	0.00	0.00

（二）资金筹措

《可研报告》提出本工程资金筹措通过省政府资助、自筹资金、置换资金、银行贷款等四个渠道解决。评估认为，《可研报告》提出的资金筹措方案合理可行。评估后较《可研报告》核增投资 0.94 亿元，经与建设单位沟通，可自筹解决如表 12-4 所示。

资金筹措方式及金额评估前后对比表　　表 12-4

序号	名称及金额	可研报告（万元）	评估报告（万元）	差额（万元）
1	政府支持	15000	15000	0
2	现场址置换	70000	70000	0
3	银行贷款	60000	60000	0
4	自筹资金	75000	84420.81	+ 9420.81
5	总计	220000	229420.81	+ 9420.81

（三）经济评价

《可研报告》从财务和社会两方面对本项目进行了评价。评估认为，在项目财务评价中总成本表中计算有误，缺少财务费用；其他费用属于固定成本，而非可变成本；应适当补充不确定性与风险分析内容。《可研报告》（修改版）根据评估意见对财务评价进行了修改，并补充了风险分析。

九、结论与建议

《可研报告》提出的项目建设是必要的，经评估调整后的建设方案及内容基本合理可行，项目实施后可有效改善全省广电事业基础设施现状，以适应全省广播电视生存发展的新形势。

《可研报告》（修改版）在部分方案设计深度上尚有欠缺，尤其是随着总体建筑方案的调整，许多细化设计内容没有完全体现，并由此导致部分建设工程的投资估算深度不够，评估为此提出了部分完善意见，涉及的工程投资尽可能地进行了优化调整。建议在下阶段工程建设方案的深化设计中，严格控制投资规模，确保工程项目的顺利实施（表 12-5，表 12-6）。

表 12-5

一期工程投资估算调整对比表

评估调整前						评估调整后					增减（万元）
序号	工程或费用名称	单位	数量	单价（元）	总价（万元）	序号	工程或费用名称	数量	单价（元）	总价（万元）	
一	建筑安装工程				113659.05	一	建筑安装工程			115569.90	1910.85
1	建筑结构工程	m^2	200000	2200	44000.00	1	建筑结构工程	200000		52556.00	8556.00
1.1	主楼					1.1	主楼				
1.1.1	主楼地上工程（42 层）	m^2	100000	2350	23500	1.1.1	主楼地上工程（19 层）	88000	2800	24640.00	
1.1.2	主楼地下工程（2 层、含人防）	m^2	6000	2600	1560	1.1.2	主楼地下工程（1 层、含人防）	8200	3800	3116.00	
1.2	演播楼					1.2	中演播楼				
1.2.1	地上工程（3 层）	m^2	25000	2200	5500	1.2.1	地上工程（3 层）	12000	2500	3000.00	
1.2.2	地下工程（1 层）	m^2	14000	2500	3500	1.3	大演播楼				
1.3	新媒体传输及后勤楼					1.3.1	地上工程（3 层）	18000	3000	5400.00	
1.3.1	地上工程（6 层）	m^2	38000	1800	6840	1.3.2	地下工程（1 层）	12400	2500	3100.00	
1.4	交流中心					1.4	新媒体及传输中心				
1.4.1	地上工程（12 层）	m^2	15000	1800	2700	1.4.1	地上工程（3 层）	30000	2200	6600.00	
1.4.2	地下工程（1 层）	m^2	2000	2000	400	1.4.2	地下工程（1 层）	4800	2500	1200.00	
						1.5	交流中心				

续表

评估调整前						评估调整后						增减（万元）
序号	工程或费用名称	单位	数量	单价（元）	总价（万元）	序号	工程或费用名称	数量	单价（元）	总价（万元）		
						1.5.1	地上工程（12层）	15000	2200	3300.00		
						1.5.2	地下工程（1层）	1600	2500	400.00		
						1.6	后勤楼					
						1.6.1	地上工程（3层）	7000	1800	1260.00		
						1.7	武警楼					
						1.7.1	地上工程（3层）	3000	1800	540.00		
2	建筑装修工程				35386.55	2	建筑装修工程			27761.40		−7625.15
2.1	演播室声学装修	m²	43300	2000	8660.00	2.1	演播室声学装修	15155	2500	3788.75		−4871.25
2.2	简单装修	m²	36335	500	1816.75	2.2	简单装修	36335	300	1090.05		−726.70
2.3	普通装修	m²	101360	800	8108.80	2.3	普通装修	101360	600	6081.60		−2027.20
2.4	精装修	m²	19005	2000	3801.00	2.4	精装修	19005	2000	3801.00		0.00
2.5	外立面工程	m²	100000	1300	13000.00	2.5	外立面工程	100000	1300	13000.00		0.00
3	通风与空调工程				9950.00	3	通风与空调工程			9950.00		0.00
3.1	专业用房	m²	147500	550	8112.50	3.1	专业用房	147500	550	8112.50		
3.2	一般用房	m²	52500	350	1837.50	3.2	一般用房	52500	350	1837.50		
4	给水排水与消防工程	m²	200000	120	2400.00	4	给水排水与消防工程	200000	200	4000.00		1600.00
5	供配电工程				6212.50	5	供配电工程			6212.50		0.00

续表

评估调整前						评估调整后						增减（万元）
序号	工程或费用名称	单位	数量	单价（元）	总价（万元）	序号	工程或费用名称	数量	单价（元）	总价（万元）		
5.1	专业用房	m^2	147500	350	5162.50	5.1	专业用房	147500	350	5162.50		
5.2	一般用房	m^2	52500	200	1050.00	5.2	一般用房	52500	200	1050.00		
6	室内照明工程	m^2	200000	120	2400.00	6	室内照明工程	200000	120	2400.00		0.00
7	火灾报警系统	m^2	200000	80	1600.00	7	火灾报警系统	200000	80	1600.00		0.00
8	防雷接地工程	m^2	200000	15	300.00	8	防雷接地工程	200000	15	300.00		0.00
9	楼宇智能化工程				7930.00	9	建筑智能化系统工程			7550.00		−380.00
9.1	综合布线系统（有线电视、电话、网络）	m^2	200000	80	1600.00	9.1	多媒体信息基础设施系统	200000	120	2400.00		
9.2	保安监控系统	m^2	200000	30	600.00	9.2	建筑设备监控系统	200000	80	1600.00		
9.3	楼宇自控系统	m^2	200000	40	800.00	9.3	安全防范系统	200000	100	2000.00		
9.4	会议电视系统	项	1	3000000	300.00	9.4	智能化系统集成	1	2500000	250.00		
9.5	卫星接收及节目传送系统	m^2	200000	20	400.00	9.5	多媒体环境及展示系统	200000	65	1300.00		
9.6	车库管理系统	项	1	2300000	230.00							
9.7	建筑设备管理系统	m^2	200000	200	4000.00							
10	工艺管线预埋工程	m^2	200000	20	400.00	10	工艺管线预埋工程	200000	15	300.00		−100.00
11	电梯				2180.00	11	电梯			2040.00		−140.00
11.1	电梯 40 层站	部	16	1100000	1760.00	11.1	电梯 20 层站	16	950000	1520.00		
11.2	电梯 8 层站	部	8	450000	360.00	11.2	电梯 13 层站	3	850000	255.00		
11.3	货梯 4 层站	部	2	300000	60.00	11.3	电梯 3 层站	2	300000	60.00		

续表

评估调整前						评估调整后					增减（万元）
序号	工程或费用名称	单位	数量	单价（元）	总价（万元）	序号	工程或费用名称	数量	单价（元）	总价（万元）	
						11.4	电梯 4 层站	4	350000	140.00	
						11.5	电梯 9 层站	1	650000	65.00	
12	气体灭火系统	项	1	9000000	900.00	12	气体灭火系统	1	9000000	900.00	0.00
二	室外工程				5490.41	二	室外工程			4666.61	−823.80
1	道路及广场工程	m^2	27760	300	832.81	1	道路及广场工程	27760	300	832.81	0.00
2	围墙大门工程	m	2380	800	190.40	2	围墙大门工程	2380	700	166.60	−23.80
3	绿化工程	m^2	35840	100	358.40	3	绿化工程	35840	100	358.40	0.00
4	场区夜景照明工程	m^2	63600	80	508.80	4	场区夜景照明工程	63600	80	508.80	0.00
5	建筑夜景照明工程	m^2	200000	100	2000.00	5	建筑夜景照明工程	200000	60	1200.00	−800.00
6	室外管线工程	m^2	200000	80	1600.00	6	室外管线工程	200000	80	1600.00	0.00
	工程直接费合计				119149.46		工程直接费合计			120236.51	1087.05
三	其他工程费用				10152.87	三	其他工程费用			10084.09	−68.79
1	建设单位管理费				721.30	1	建设单位管理费			723.47	2.17
2	可研报告编制费				114.31	2	可研报告编制费			114.55	0.24
3	可研报告评审费				20.24	3	可研报告评审费			20.00	−0.24
4	设计费				3799.11	4	设计费			2809.75	−989.36
5	施工图预算编制费 设计费 ×10%				379.91	5	施工图预算编制费 设计费 ×10%			280.97	−98.94
6	竣工图编制费 设计费 *8%				303.93	6	竣工图编制费 设计费 ×8%			224.78	−79.15

续表

评估调整前						评估调整后					增减（万元）
序号	工程或费用名称	单位	数量	单价（元）	总价（万元）	序号	工程或费用名称	数量	单价（元）	总价（万元）	
7	招标代理服务费				77.46	7	招标代理服务费			77.57	0.11
8	工程监理费				1737.85	8	工程监理费			1750.95	13.10
9	图纸审查费	m^2	200000	5	100.00	9	图纸审查费			196.10	96.10
10	环保评估费				44.01	10	环保评估费			44.12	0.11
11	三通一平费	m^2	132781	20	265.56	11	三通一平费			961.89	696.33
12	临时设施费	m^2	300	1200	36.00	12	临时设施费			36.00	0.00
13	市政配套费	m^2	200000	30	600.00	13	城市基础设施配套费	200000	70	1400.00	800.00
14	勘察测量鉴定费 0.4%				476.60	14	城市消防设施配套费	200000	5	100.00	100.00
15	工程保险费 0.4%				476.60	15	勘察测量鉴定费			294.58	－182.02
16	高可靠性供电费	项	1	10000000	1000.00	16	工程保险费			360.71	－115.89
						17	高可靠性供电费	1	6886240	688.621	－311.38
四	土地费用	项	1.0	200000000	20000.00	四	土地费用	1.0	150000000	15021.010	－4979.00
五	工程预备费				6465.12	五	工程预备费			10425.65	3960.53
1	基本预备费				6465.12	1	基本预备费			10425.65	3960.53
六	建设投资				155767.45	六	建设投资			155767.25	－0.20
七	建设期利息				4230.00	七	建设期利息			4230.00	0.00
	工程总价				159997.45		工程总价			159997.25	－0.20

二期工程投资估算调整对比表

表 12-6

评估调整前						评估调整后					增减（万元）
序号	工程或费用名称	单位	数量	单价（元）	总价（万元）	序号	工程或费用名称	数量	单价（元）	总价（万元）	
一	建筑安装工程				50025.50	一	建筑安装工程			57452.05	7426.55
1	建筑结构工程	m^2	100000	1800	18000.00	1	建筑结构工程	100000	1950	19500.00	1500.00
2	建筑装修工程					2	建筑装修工程				
2.1	演播室声学装修	m^2	24000	2200	5280.00	2.1	演播室声学装修	24000	2500	6000.00	720.00
2.2	简单装修	m^2	17850	500	892.50	2.2	简单装修	17850	280	499.80	−392.70
2.3	普通装修	m^2	45600	800	3648.00	2.3	普通装修	45600	600	2736.00	−912.00
2.4	精装修	m^2	12550	2000	2510.00	2.4	精装修	12550	2000	2510.00	0.00
2.5	外立面工程	m^2	60000	600	3600.00	2.5	外立面工程	60000	600	3600.00	0.00
						2.6	演播室声学装修	28145	2500	7036.25	7036.25
3	通风与空调工程					3	通风与空调工程				
3.1	剧场及音乐厅通风空调工程	m^2	30000	1200	3600.00	3.1	剧场及音乐厅通风空调工程	30000	1200	3600.00	0.00
3.2	一般建筑通风空调工程	m^2	70000	350	2450.00	3.2	一般建筑通风空调工程	70000	350	2450.00	0.00
4	给排水与消防工程	m^2	100000	120	1200.00	4	给排水与消防工程	100000	120	1200.00	0.00
5	供配电工程					5	供配电工程				
5.1	剧场及音乐厅供配电工程	m^2	30000	350	1050.00	5.1	剧场及音乐厅供配电工程	30000	350	1050.00	0.00
5.2	一般建筑供配电工程	m^2	70000	200	1400.00	5.2	一般建筑供配电工程	70000	200	1400.00	0.00
6	室内照明工程	m^2	100000	110	1100.00	6	室内照明工程	100000	110	1100.00	0.00

续表

评估调整前						评估调整后					增减（万元）
序号	工程或费用名称	单位	数量	单价（元）	总价（万元）	序号	工程或费用名称	数量	单价（元）	总价（万元）	
7	火灾报警系统	m^2	100000	80	800.00	7	火灾报警系统	100000	80	800.00	0.00
8	防雷接地工程	m^2	100000	12	120.00	8	防雷接地工程	100000	12	120.00	0.00
9	楼宇智能化工程	m^2	10000	3680	3680.00	9	建筑智能化系统工程	100000	280	2800.00	−880.00
10	工艺管线预埋工程	m^2	100000	20	200.00	10	工艺管线预埋工程	100000	15	150.00	−50.00
11	电梯	部	11	450000	495.00	11	电梯 16 层站	10	900000	900.00	405.00
二	室外工程				2585.32	二	室外工程			2138.61	−446.71
1	道路及广场工程	m^2	15240	300	457.21	1	道路及广场工程	15240	300	457.21	0.00
2	绿化工程	m^2	23893	90	215.04	2	绿化工程	23893	75	179.20	−35.84
3	场区夜景照明工程	m^2	39134	80	313.07	3	场区夜景照明工程	39134	90	352.20	39.13
4	建筑夜景照明工程	m^2	100000	100	1000.00	4	建筑夜景照明工程	100000	40	400.00	−600.00
5	室外管线工程	m^2	100000	60	600.00	5	室外管线工程	100000	75	750.00	150.00
	工程直接费合计				52610.82		工程直接费合计			59590.66	6979.84
三	其他工程费用				4529.65	三	其他工程费用			4690.42	160.76
1	建设单位管理费				446.05	1	建设单位管理费			480.95	34.90
2	可研报告编制费				76.83	2	可研报告编制费			81.71	4.89
3	可研报告评审费				15.26	3	可研报告评审费			15.96	0.70
4	设计费				1890.01	4	设计费			1505.76	−384.25
5	施工图预算编制费 设计费 ×10%				189.00	5	施工图预算编制费 设计费 ×10%			150.58	−38.43
6	竣工图编制费 设计费 ×8%				151.20	6	竣工图编制费 设计费 ×8%			120.46	−30.74

续表

评估调整前						评估调整后					增减（万元）
序号	工程或费用名称	单位	数量	单价（元）	总价（万元）	序号	工程或费用名称	数量	单价（元）	总价（万元）	
7	招标代理服务费				51.86	7	招标代理服务费			55.35	3.49
8	工程监理费				886.77	8	工程监理费			985.60	98.83
9	图纸审查费	m^2	100000	5	50.00	9	图纸审查费			105.14	55.14
10	市政配套费	m^2	100000	30	300.00	10	城市基础设施配套费	100000	70	700.00	400.00
11	勘察测量鉴定费 0.4%				210.44	11	城市消防设施配套费	100000	5	50.00	50.00
12	环保评估费				27.78	12	勘察测量鉴定费			210.22	−0.23
13	临时设施费	m^2	300	800	24.00	13	环保评估费			25.92	−1.87
14	工程保险费 0.4%				210.44	14	临时设施费			24.00	0.00
						15	工程保险费			178.77	−31.67
四	工程预备费				2857.02	四	工程预备费			5142.49	2285.46
1	基本预备费 5%				2857.02	1	基本预备费			5142.49	2285.46
五	工程总价				59997.49	五	工程总价			69423.56	9426.07

案例二：

××综合检验检测用房建设项目（可研报告）评估报告

【内容摘要】质量技术监督是关系政府形象、社会和谐稳定、人民生命财产安全的重要工作。随着社会主义市场经济的高速发展、社会产品的极大丰富、人民生活水平的不断提高，其范围已覆盖了工农业生产、工程建设、科学研究、文化教育、医药卫生、环境保护、核安全、国内外贸易、服务行业等国民经济和社会发展的各个领域、各个方面，而检验检测技术和配套的硬件设施的发展建设，是质监工作的基础和重要保障，直接关系着质量监督的权威性和公正性。

某综合检验检测机构，存在检验检测用房面积严重缺乏、办公条件简陋、设备无处安放，应进行的检验项目无法开展，在全国同行业中处于落后地位的现状，对全省质监工作的正常开展造成了一定影响，成为制约其发展的“瓶颈”。本项目新建质监综合检验检测用房项目，用于满足食品质量安全监督检验、能源产品质量监督检验、特种设备监督检验、省产品质量监督检验对实验办公场所的需求，以及纤检的恒温恒湿实验室需求，项目建设非常必要。

在认真参考了各位专家对《可研报告》提出的评估意见后，结合有关实验室建设的标准、规范，以及拟选场址、拟建项目的实际情况，可研编制单位在保持原有建设规模的基础上，对各机构所需的实验办公面积依据《质检系统检验检测机构能力建设基本要求（试行）》重新进行了核算调整，并对检验检验中心的各层建筑平面按使用单位和建筑功能进行了划分，将原计划迁入的食品质量安全监督检验、能源产品质量监督检验、特种设备监督检验、产品质量监督检验等四家机构，调整为除满足上述四家机构的检验检测办公需求外，分配给纤维检验1050m^{2}恒温恒湿实验室面积。

《可研报告》(修改版）对建筑工程、结构工程、电气工程、暖通工程、给水排水工程、消防安全、节能环保等内容均进行了修改补充。评估认为，工程设计方案基本合理可行，满足可研阶段编制深度要求。

本着节约用地、统筹规划、资源共享、节省投资、结合现状的原则，《可研报告》（修改版）主要建设内容及建设规模为，新建综合检验检测用房项目，为地下一层、地上十二层，东西双塔带二层裙房式建筑。总建筑面积 35637.2m^2，占地面积 5292m^2。其中食品质量安全监督检验 1000m^2、能源产品质量监督检验 3130m^2、特种设备监督检验 2419m^2、产品质量监督检验 13746m^2、纤维检验 1050m^2。

本项目按建筑功能来划分：地上建筑面积 30345.2m^2，分别为实验室建筑面积 22553.2m^2、恒温恒湿实验室建筑面积 2500m^2、特种设备操作考试建筑面积 880m^2、办公大厅及辅助用房建筑面积 4412m^2；地下建筑面积 5292m^2，分别为食堂建筑面积 1560m^2、车库及人防建筑面积 2653m^2（停车位 66 个）、设备用房及其他建筑面积 1079m^2。

本评估对项目投资进行了核实调整，调整后项目总投资 17501.89 万元，其中工程直接费用 11980.08 万元，工程建设其他费用 4447.6 万元，工程预备费 1074.21 万元，较评估前投资核减 360.03 万元。

项目的实施，可使全省质监系统各技术机构与市场经济对质量技术监督工作的更高要求相适应，有效改善各机构检验检测面积严重缺乏以及硬件设施落后的现状。对促进全省经济的转型跨越发展、加快技术进步、加强科学管理、规范市场经济秩序有积极的作用。

×××（委托部门）：

根据委托，我单位对《×× 综合检验检测用房建设项目可行性研究报告》（简称《可研报告》）进行了评估。我单位组织规划、建筑设计等有关专家和本单位技术人员组成了评估工作组。于 ×× 年 ×× 月 ×× 日进行了现场调研，×× 月 ×× 日组织由建设单位、可研编制单位、评估工作组参加的项目评审会，评估组对可研报告需要明确的内容、存在的问题、编制错误等进行核实和论证，并与建设单位和可研编制单位交换意见，形成书面评估意见，对《可研报告》进行补充、修改。根据项目的可研报告、修改后的可研报告、专家评估意见，评估组完成了项目的评估工作，编写了评估报告。主要评估意见如下：

一、项目概述

项目建设地址位于××市。规划总用地面积53904.5m^2，净用地面积40048.6m^2，道路用地13855.9m^2。新建综合检验检测项目，为地下一层、地上十二层，东西双塔带二层裙房式建筑。总建筑面积35637.2m^2，地上建筑面积30345.2m^2，分别为实验室建筑面积22553.2m^2、恒温恒湿实验室建筑面积2500m^2、特种设备操作考试建筑面积880m^2、办公大厅及辅助用房建筑面积4412m^2；地下建筑面积5292m^2，分别为食堂建筑面积1560m^2、车库及人防建筑面积2653m^2（停车位66个）、设备及其他用房建筑面积1079m^2。评估后项目总投资17501.89万元，资金来源为申请省政府资金支持9500万元，其余资金由承办单位自筹解决。

二、项目建设的背景和必要性

（一）项目提出的背景

目前，综合检验检测建设项目下设品质量安全监督检验、能源产品质量监督检验、特种设备监督检验、产品质量监督检验等单位，原检验检测建筑建于20世纪80年代的5层楼、13层楼两幢组成，建筑面积共12000m^2，内场地狭小、拥挤简陋。各单位都面临着由于检验检测面积严重缺乏、基础设施落后，而造成的应当开展的检验项目无法开展，难以满足仪器设备、实验条件对操作环境的要求，应当隔离的危险品（设备）、有毒化学品与其他物品、仪器设备、操作人员同处一室，样品进出场困难，先进设备无处摆放而一直闲置，操作人员的劳保条件恶劣的窘况。

纤检用房建于20世纪60年代的一座老旧危房内，恒温恒湿实验室面积仅180m^2。随着社会的发展进步，要求具有恒温恒湿环境的检验检测项目大幅增加，实验室面积的严重不足、建设的明显滞后，已成为影响其发展的重大弊端。

综上所述，本项目新建综合检验检测用房，以解决各类监督检验检测实验用房的迫切需求，势在必行，十分必要。

（二）项目建设的必要性

1. 项目建设是产业结构调整，促进经济转型发展的需要

目前，全省已建成的国家级质检机构仅有两个其他省份除该省外均在10个质检机构以上。造成这种状况，最重要的一个原因就是各技术机构实验场所严重不足，达不到国家标准，甚至已挂牌的国家级中心面临着被取消的危险。

争取国家级质检中心在该省挂牌可为全省的优势产业和产品创造更好的发展环境，提高行业和产品竞争力。吸引行业中处于世界领先地位的大企业落户该省。对提升全省的整体形象，促进经济发展，引导优势产业发展，调整产业结构有重要作用。为此，加强全省技术机构硬件设施建设，改变实验办公条件的落后面貌是当务之急。

2. 项目建设是规范市场，扶优治劣，保障人民生命财产安全的需要

质量技术监督覆盖了国民经济和社会发展的各个领域、各个方面，关系到百姓生活的方方面面，加大质监工作力度、扩大服务范围、提高产品检验标准和频率，为企业创造公平竞争、优胜劣汰的市场环境，保障广大消费者的合法权益，都离不开检验检测机构先进技术、设施的支撑，是履行其社会职能的根本基础。

3. 项目建设是质监技术机构自身发展的需要

由于检验检测面积不足、环境拥挤简陋、缺乏样品保存场所、许多实验应该具备的条件无法保证，致使在一定程度上影响了检验结果的准确性和客观性。长此以往，将会使质监机构的权威性受到质疑。而且应当开展的检验项目无法开展、检验检测环境差，造成了大量业务的外流。有的专业技术人才也因为无“用武之地”而选择了调离。凡此种种，都对各单位的发展极为不利。为了在市场竞争中处于更加有利的地位，应抓紧改善落后面貌。

三、建设条件

（一）场址选择

项目建设地点位于××市内。建设用地原为耕地，规划总用地面积53904.5m^2。

（二）前置审批文件

项目已取得国土资源部门出具的建设用地预审意见，城乡规划部门出具的建设项目的规划选址意见，环境保护部门出具的环境影响批复文件，发改部门下发的建设项目节能评估批复文件。

评估认为，项目土地、规划、环评、能评有关手续齐全，满足可研阶段的相关要求，已具备了建设条件，前期工作顺利开展。

四、主要建设内容和规模

根据《可研报告》，本项目新建综合检验检测用房，建筑面积 35637.2m^2，其中通用试验室建筑面积 19899.2m^2、恒温恒湿实验室建筑面积 2500m^2,、特种设备操作考试基地面积 880m^2、办公用房建筑面积 2000m^2、大厅及辅助用房建筑面积 5066m^2；食堂建筑面积 1560m^2、车库及人防建筑面积 2653m^2(停车位 66 辆)、设备用房及其他建筑面积 1079m^2。

可研中，建设规模如表 12-7 所示确定。

各单位人员、建筑面积情况一览表 表 12-7

<table>
<tr><th rowspan="2">序号</th><th rowspan="2">单位名称</th><th rowspan="2">编制人数（人）</th><th rowspan="2">实际人员（人）</th><th colspan="2">现有建筑面积（m^2）</th><th colspan="2">需要建筑面积（m^2）</th><th rowspan="2">备注</th></tr>
<tr><th>实验</th><th>办公</th><th>实验</th><th>办公</th></tr>
<tr><td>1</td><td>食品质量安全监督检验</td><td>33</td><td>54</td><td>745</td><td>167</td><td>9120</td><td>880</td><td>恒温恒湿 250m^2</td></tr>
<tr><td>2</td><td>能源产品质量监督检验</td><td>57</td><td>52</td><td>1930</td><td></td><td>1930</td><td>1200</td><td></td></tr>
<tr><td>3</td><td>产品质量监督检验</td><td>67</td><td>100</td><td>3000</td><td>1200</td><td>14969</td><td>1960</td><td>恒温恒湿 940m^2</td></tr>
<tr><td>4</td><td>锅炉压力容器监督检验</td><td>62</td><td>92</td><td>900</td><td></td><td>1270</td><td>3460</td><td></td></tr>
<tr><td>5</td><td>特种设备监督检验</td><td>56</td><td>77</td><td></td><td>905</td><td>3000</td><td>3000</td><td></td></tr>
<tr><td>6</td><td>纤维检验</td><td>94</td><td>93</td><td>1033.2</td><td>585</td><td>3500</td><td>1500</td><td>恒温恒湿 1050m^2</td></tr>
<tr><td rowspan="2">7</td><td rowspan="2">小计</td><td rowspan="2"></td><td rowspan="2"></td><td>7608.2</td><td>2857</td><td>33789</td><td>12180</td><td>恒温恒湿 2240m^2</td></tr>
<tr><td colspan="2">10465.2</td><td colspan="2">45969</td><td></td></tr>
<tr><td>8</td><td>新增建筑面积</td><td></td><td></td><td colspan="4">45969 − 10465.2 = 35503.8m^2</td><td></td></tr>
</table>

根据《可研报告》，食检、能检、质检、特检验等单位迁入新建的综合检验检测项目，锅检、纤检在上述单位迁出后在原址改扩建。项目建设规模的确定是按照食检、能检、质检、锅检、特检、纤检等单位所需的实验室办公面积减去单位的现有实验办公面积得出的。

评估认为，根据《可研报告》内容，原场址位于A路，拟选场址位于B路，两地相距较远，检验用房是否能够同时互相利用，新建综合检验检测用房只服务于四家机构，却以六家来核定面积，前后表述混乱。在可研建设方案“各入住单位专业实验室设置面积分配表”中，实验办公面积是如何确定的，没有明确所依据的标准和规范。因此，《可研报告》建设规模的确定缺乏依据和合理性。

评估建议，可研报告应结合各技术机构的发展现状、存在问题以及未来发展方向和思路，从总体上对本工程的建设规模进行补充说明。针对各类专业性实验室，应在专业仪器设备配置、布置初步方案的基础上，结合现状和未来一段时期发展需要，确定合理的建设标准和规模。同时，建议在确定各类实验时要充分考虑资源共享。

《可研报告》（修改版）根据评估意见补充了各类实验室面积确定的依据，对各层建筑平面按使用单位和建筑功能进行了重新划分，主要以国家质量监督检验检疫总局《质检系统检验检测机构能力建设基本要求（试行）》为标准，并结合各单位的实际情况来确定。调整后的建设内容及规模详如表12-8所示。

评估调整后工程建设内容及规模 **表12-8**

序号	指标名称	建筑面积（m^2）	备注
	总建筑面积	35637.2	
1	高层建筑（地上）	30345.2	地上12层，地下1层
1.1	主楼（东、西双塔楼12层）	20380	
1.1.1	西塔楼	10190	
	产品质量监督检验	10190	占用3～12层（10层）
1.1.2	东塔楼	10190	
	食品质量安全监督检验	7133	占用3～10层（7层）
	能源产品质量监督检验	2038	占用10～11层（2层）
	特种设备监督检验	1019	占用1层（12层）
1.2	裙楼（2层）	9965.2	
1.2.1	实验室部分		

续表

序号	指标名称	建筑面积（m^2）	备注
	恒温恒湿实验室	2500	二层
	特种设备操作考试用房	880	一层
	特种设备培训教室	520	二层
	公共实验室	1653.2	二层
1.2.2	办公、大厅及辅助用房	4412	
	业务接待大厅	1280	一层
	样品周转库	1600	一层
	行政办公配套	1532	一层
2	地下（1 层）	5292	地下一层
	食堂	1560	地下一层
	设备用房	1079	地下一层
	地下车库	2653	人防 1600m^2

评估认为,《可研报告》(修改版）补充建筑规模确定依据较为充分，项目建设内容及规模基本合理。

五、建设方案

（一）总图方案

《可研报告》(修改版）补充了厂区总图方案，新建综合检验检测项目位于场地北侧，已获国家质监总局批筹拟建的国家不锈钢及其制品质量监督检验项目位于西南角，露天检测场位于场地东南，绿化位于两楼之间，增加了场地停车场。

根据场地情况将主出入口设在场地北侧，其他两个出入口分别设置在场地西侧的规划路上，通过场地内道路实现各个建筑物的连通。

评估认为，整个场区分别明确、互不干扰，道路系统简洁通畅，人流、车流、物流流线清晰，满足消防要求。符合城市规划关于建筑退红线和高度的要求。

（二）建筑设计

据《可研报告》，本项目两幢 12 层的主体建筑与两层裙房连成一体，流动性大的样品库与使用频率高的公共实验室布置在 2 层，各检测机构的实验室布置在

3～12层。评估认为，建筑平面分区合理、便于管理和使用。水平与垂直交通方便联系与安全疏散。整体建筑立面新颖、剖面尺寸合理。

评估意见：

（1）各层办公室的面积太少，厕所位置较偏，位于走道另一端的人员使用不方便。

（2）据《可研报告》（修改版），根据“各入住单位专业实验室设置面积表”需布置实验室265个，对照3～12层平面图，可布置实验室的空间有190个，是否够用（小面积实验室可合并，但更多的是大面积实验室，占用几个空间）？

（3）实验室考虑的面积太小，是否够用？例如，眼镜检测有19个项目，仅有50m^2。

（4）一层中间大厅与主楼联系不方便。建议下一阶段进一步深化平面图设计，根据评估提出的意见进行完善，在现有规模下，最大限度地实现空间的最佳分割和利用。

（三）结构设计

据《可研报告》，本项目尚未进行地质勘查，本报告参考临近的《××项目岩土工程勘查报告（详堪）》。按照《岩土工程勘察规范》的要求，拟建场地建筑物工程重要性等级为三级，场地等级及地基等级均定为二级，综合分析确定岩土工程勘察等级为乙级。本工程主体采用现浇钢筋混凝土框架结构。地基处理采用深层搅拌桩进行处理，碎石混凝土褥垫层；基础采用钢筋混凝土筏板基础。

评估认为，《可研报告》中的建筑结构部分，基本符合可研编制的深度要求，所选用的结构形式和基础形式能满足工程使用要求。

评估建议，可研中参考了临近的地勘报告，但未说明参照场地与建设地点的距离。建议尽快进行拟选场址的地质勘查，以便于下一阶段工作的开展。

（四）电气工程

《可研报告》中电源从相邻的经济区街道10kV供电线网接入，电源电压为10kV。由于本项目为一类甲等建筑，其实验室电梯、安防、消防、走道值班警卫障碍等照明用电，生活水泵、排污泵等供电为一级负荷，必须采用双回路电源供电；测试试验室、恒温恒湿实验室、通用实验室、消防控制室、通信机房等重要部门提供双回路供电，对重要部门设置应急电源—柴油发电机，柴油发电机功率为180kW。其他部门的用电为二级负荷。评估认为，《可研报告》没有明确电源供电方式，选用柴油发电机缺乏依据，且所选型号容量偏小。

《可研报告》（修改版）根据评估意见对相关内容进行了修改。考虑到场地附近双回路电源线目前引入的难度，本报告对重要部门设置应急电源—柴油发电机，功率为400kW。评估认为，修改后的《可研报告》，明确了电源供电方式，选用的柴油发电机适当，满足电气方案的编制要求。但存在以下问题：本工程的开闭所应为变电所；防雷部分只考虑了防直击雷，还应补充防雷击电磁脉冲防护措施。

（五）暖通工程

《可研报告》主要从气象参数、室内设计参数及设计标准、冷热负荷估算、采暖热源及其参数、空调冷热源及其参数、采暖及空调系统形式、通风系统等方面对项目暖通工程建设方案进行了设计。评估认为，主要存在以下问题：

（1）设计依据应增加《公共建筑节能设计标准》《供热计量技术规程》《暖通空调、动力技术措施》。

（2）采暖空调面积31905.2m^{2}是如何确定的，是否包含恒温恒湿库面积2500m^2。

（3）室内空调采暖温度参数应严格按《公共建筑节能设计标准》选取确定。汽车库冬季应为5～10℃，夏季车库不应设25℃空调。

（4）冷水机组的技术参数选取存在以下问题

1）两台冷水机组的型号一般应一致，以便于选配附机和运行管理。

总制冷量：

热负荷：31905m^2×80W/m^2 ＝ 2552kW

冷负荷：31905m^2×110W/m^2 ＝ 3510kW

31905m^3 包含恒温恒湿库，裕量不宜过大。

2）冷冻水、冷却水进出口水温不符合冷水机组的参数要求，且与冷冻、冷却水量不匹配。

3）制冷剂R717不符合环保要求。

（5）关于通风、防排烟设计：

卫生间的机械通风量一般按 5 ～ 10 次、汽车库按 6 次、厨房按 40 次确定，排烟按 $60m^3/m^2 \cdot h$ 确定。

（6）可研中没有夏季空调电耗的计算过程以及空调耗电量。

（7）关于采暖室外计算温度，本可研中出现多个数据，包括－12℃、－15℃、－7℃、－11℃，应核实后统一。

根据评估意见，《可研报告》（修改版），补充修改了设计依据，明确了空调计算面积，本项目采暖、制冷建筑面积 $31905.2m^2$，包括地上建筑面积 $30345.2m^2$ 和地下食堂建筑面积 $1560m^2$，修正了冷热机组的技术参数，修改了报告中出现的错误数据等。

评估意见，《可研报告》（修改版）空调冷负荷 3510kW，选用了 3 台冷机，制冷量 5254.8kW，余量较大，建议改为 2 台。建议补充夏季空调电耗的计算过程以及空调耗电量。

（六）给水排水工程

《可研报告》给水排水工程建设方案包括给水水源、给水系统、排水系统、用水量、雨水排放等内容。

评估认为，给水排水工程存在以下问题：

（1）在用水量估算中，应列出用水量分项名称、数量及用水标准。

（2）应说明市政给水水质、水压、水量情况以及可以利用市政水压的建筑层数。

（3）应列出检验检测中心中相关专业工艺用水，对水质、水压、水量、水温的要求及对环境影响的要求，并给出针对性的排水设计措施。

（4）应给出设计承担的降雨汇水面积及设计雨水排水量。

（5）应说明生活、消防加压泵房设置位置。$450m^3$ 生活、消防的共用水池，应说明其中生活用水与消防用水的比例。

（6）应说明室外消防是否采用相同的水源，是否也由消防泵加压供水。应说明室外给水及消防给水采用的管材。

根据评估意见，《可研报告》（修改版）补充了完整的用水量估算表；给出了市政水压、水量情况，本工程可以利用市政水压的楼层，对市政水质是否与项目匹配作了分析。评估认为，基本满足可研编制要求。

评估意见，应对原意见的（4）、（5）、（6）进一步做出修改或说明。

六、消防安全

《可研报告》分别从消防总平面布置、消防水源、消防水量、室内消火栓、防火疏散、特殊实验室灭火系统等方面对该项目消防进行了说明。评估认为，《建筑设计防火规范》（GB 50016—2014）适用于高度 24m 及其以下的公共建筑，不适用于本建筑。不能作为编制依据。消防部分没有考虑火灾报警。

《可研报告》（修改版）根据评估意见增加了电气消防内容，但设计依据还保留了《建筑设计防火规范》，建议进行修改。

七、节能与环保

（一）节能分析

《可研报告》从建筑节能、变配电及照明节能、采暖空调节能、给水排水节能、卫生洁具节水、空调系统节水、雨水回用等方面论述了该工程的节能节水措施，提出了项目影响环境因素及相应环保措施。

评估认为：节能环保方案总体可行，但尚有一些问题需要改进，针对该项目节能与环保提出如下意见：

（1）《可研报告》对检验检测中心的供热、制冷等配套热源及冷源的能源利用形式研究较浅，建议做较为详细的调研与分析，因地制宜、合理用能，提出更为科学的能源应用方案。

（2）建议充分考虑光伏发电板、LED 光源的应用，可利用到庭院、路灯、地下车库等处照明及专用灯具，依靠技术手段支撑节能减排。

（3）补充完善项目各项用能工艺的能耗估算量，为下一步能评工作提供基础数据。

《可研报告》（修改版）根据评估意见对部分节能措施进行了深化和完善，修改后项目节能措施主要包括建筑节能、电气节能、空调节能、给排水节能、建筑智能化节能等方面，基本能够满足评估要求。

（二）环境影响分析

本项目建设内容最主要的部分就是检验检测实验室的建设。实验室集中摆放的精密仪器，根据相关规范要求，建设场地应避开粉尘、烟雾、噪声、振动、电磁干扰、电磁辐射和其他污染源，或采取相应的保护措施，对科学实验工作产生的上述危害，也应采取相应的环境保护措施，防止对周围环境的影响。

本项目建设场地周围300m之内没有生产、贮存易燃易爆化学危险品的单位。场址周围不存在粉尘、烟雾、电磁干扰噪声、振动、电磁辐射和其他污染源，周围环境对项目场址无不利影响。

项目检验检测过程产生的废气、实验室废水，经处理后达标排放。实验室产生的少量危险废弃物，设置专门的暂存区，统收集处理。对于会产生噪声、振动的设备，进行减噪、防振处理，不会对环境造成污染。

评估认为，项目对周围环境无不利影响。

八、投资估算和资金筹措

（一）投资估算

根据《可研报告》，本项目总投资 17861.92 万元。其中：工程费用 12199.08 万元，工程建设其他费用 4339.74 万元，预备费 1323.10 万元。

资金来源为，申请省政府资金支持 9500 万元，单位自筹 8361.92 万元。

评估认为，可研投资估算主要存在以下问题：

（1）投资估算编制依据，应增加《关于发布 ×× 省建筑安装工程概算调整系数及有关问题的通知》。

（2）征地费用不能按净用地面积计算。

（3）恒温恒湿实验室估算明细中表中，存在以下问题：

1）门面积 60m^2、窗面积 1200m^2 严重偏大，单价 500 元 /m^2 保温门、保温窗偏低。

2）接地系统面积按墙体面积计算不合理，应为地面面积，单价 200 元 /m² 偏高。

3）墙面刷防水、防尘涂料，单价 300 元 /m² 偏高。

4）天棚面刷防水、防尘涂料，单价 1000 元 /m² 偏高。

5）2500m² 恒温恒湿实验室空调设备投资 105 万元不足。

（4）室外总图工程估算表中，存在以下问题：

1）室外道路硬化单价 120 元 /m² 偏低。

2）生活及消防水泵单价 5000 元 / 台过低。

3）交通工具购置费不应列入工程投资。

4）冬季热源如何考虑？是否应计算供热集资费？

5）水源如何解决？是否应计算水增容费？

《可研报告》（修改版），按照评估意见对建筑安装工程估算表、总图工程估算表、工程建设其他费用进行了核算调整，调整后的费用较为合理，基本符合取费标准要求和实际情况。

评估意见，投资估算编制依据，应增加《关于发布 ×× 省建筑安装工程概算调整系数及有关问题的通知》等依据。本次评估调整了《可研报告》（修改版）的工程建设其他费用包括可研报告编制费、可研报告评估费、工程监理费、供热入网费等，以及不应计深基坑工程审查费。经过调整，项目总投资 17501.89 万元，比《可研报告》的总投资 17861.92 万元，核减了 360.03 万元。详见附表“投资估算评估前后对比分析表”。

（二）资金筹措

据《可研报告》，本项目资金来源为，申请省政府资金支持 9500 万元，单位自筹 8361.92 万元。评估认为，《可研报告》提出的资金筹措方案合理可行。评估后较《可研报告》核减投资 360.03 万元，减少了建设单位的自筹资金。

九、社会风险分析

本项目的建设对促进全省经济发展，培育壮大全省的优势产业，规范市场秩序，维护社会稳定，提高人民生活质量有积极意义。建设场地虽然原属耕地，但已经城乡规划部门批准成为农用地转征地块，已上报国务院待批。建设单位办理了相关的用地手续。

该项目已取得环境影响报告表的批复文件，不存在对环境的不利影响。因此，该项目没有明显的社会风险。

十、结论和建议

《可研报告》（修改版）内容完整，达到可研报告深度要求；根据相关标准、规范要求，建设规模确定基本合理；项目设计起点高，设计方案先进合理；调整后的投资估算较合理。项目的实施，可使全省质监系统各技术机构与市场经济的快速发展对质量技术监督工作的更高要求相适应，有效改善各机构实验面积严重缺乏、硬件设施落后的现状。对促进全省经济的转型跨越发展、加快技术进步、加强科学管理、规范市场经济秩序有积极的作用。

建议下阶段进一步深化平面设计图设计，进行建筑空间的合理划分和利用，更大限度地发挥其使用功能。并在下阶段工程建设方案的深化设计中，严格控制投资规模，确保工程项目的顺利实施（表 12-9）。

投资估算评估前后对比分析表（单位：万元）

表 12-9

序号	项目或费用名称	单位	评估前			评估后			核增（减）金额	备注
			工程量	单价	合价	工程量	单价	合价		
1	工程费用	m^2	35637	3423.13	12199.08	35637	3361.68	11980.08	−219.00	
1.1	恒温恒湿实验室	m^2	2500	5862.00	1465.50	2500	4928.00	1232.00	−233.50	
1.2	特殊设备操作考试基地	m^2	880	3609.00	318.00	880	3609.00	318.00	0.00	
1.3	通用试验楼	m^2	19899	3020.76	6011.07	22553	2856.42	6442.13	431.06	
1.4	办公室、大厅		7066	2434.74	1720.39	4412	2315.99	1021.82	−698.57	
1.5	地下室	m^2	5292	2870.75	1519.00	5292	2870.75	1519.00	0.00	
1.6	总图及设备工程				1165.36			1447.38	282.02	
2	其他费用				4339.74			4447.60	107.86	
2.1	征地费	亩	60	500000.00	3000.00	60	500000.00	3000.00	0.00	
2.2	建设单位管理费	1.2%			146.39			143.76	−2.63	
2.3	勘察费	6.5%			61.00			59.90	−1.10	
2.4	工程勘察报告审查费	8%			4.88			4.79	−0.09	
2.5	设计费				362.31			253.01	−109.30	
2.6	施工图审查费	6.5%			23.55			16.45	−7.10	
2.7	施工图预算费	10%			36.23			25.30	−10.93	
2.8	竣工图编制费	8%			28.99			20.24	−8.75	
2.9	可研报告编制费				29.77			23.38	−6.39	
2.10	可研报告评估费				8.78			6.90	−1.88	
2.11	工程监理费				195.97			202.22	6.25	
2.12	招标代理费				31.72			31.15	−0.57	
2.13	供热集资费				0.00	31905.2	60.00	191.43	191.43	

续表

序号	项目或费用名称	单位	评估前			评估后			核增（减）金额	备注
			工程量	单价	合价	工程量	单价	合价		
2.14	环境评价费				11.10			10.9	−0.20	
2.15	工程保险费	0.15%			18.30			17.97	−0.33	
2.16	地震测评费				6.10			5.99	−0.11	
2.17	节能评估费				30.50			23.95	−6.55	
2.18	劳动安全卫生评价费	0.1%			12.20			11.98	−0.22	
2.19	双电源高可靠性供电费	kVA	3750	315.00	118.13			118.13	0.00	
2.20	特殊设备安全监督检验费	1.0%			4.80			3.00	−1.80	
2.21	城市基础设施配套费	m^2	35637.2	24.50	87.31		24.50	87.31		
2.22	深基坑工程审查费	2%			24.13				−24.13	
2.23	场地临时设施费				97.61			95.84	−1.77	
2.24	交通工具购置费	台				2	180000	36.00	36.00	
2.25	水增容费	m^3/d				292.36	2000	58.00	58.00	
3	预备费	8%			1323.10			1074.21	−248.89	扣征地费
4	项目建设投资				17861.92			17501.89	−360.03	

案例三：

×× 大学图书馆建设项目《可研报告》评估报告

××（评估委托单位）：

受贵单位委托，我单位承担了 ×× 大学图书馆建设项目的评估工作。经过资料审查、现场调研、内部研讨等阶段后，我单位于 ×× 年 ×× 月 ×× 日在 ×× 市组织召开了本项目评估会，项目单位代表参会并听取了可研编制单位的汇报。与会专家主要从建设背景、必要性、建设内容、建设规模、建设条件、建设方案、征地拆迁、节能环保、投资估算、社会风险等方面提出了审查意见，我院评估组根据拟建项目的实际情况、依据项目建设的标准和规范、参考专家意见编制形成本评估报告。

一、项目概况

《×× 大学图书馆建设项目可行性研究报告》（以下简称《可研报告》）提出，大学现有的两座图书馆不能满足师生需求，并且基本上是传统的图书馆，与现代信息经济、网络经济的发展极不适应。因此，为适应学校发展需要，改善学校图书馆软硬件设施，项目单位提出本项目建设要求。

同时，根据评估调研，本项目已被国家发改委、教育部列入《中西部高校基础能力建设工程规划（一期）》，经过前期准备，现正式进入项目立项申报阶段。

《可研报告》提出，拟建图书馆总建筑面积 38000m^2，分为东西两栋，其中西楼建筑面积 23400m^2，东楼建筑面积 14600m^2，工期 21 个月，总投资为 22264.5 万元，拟申请政府资金支持，剩余款项由项目单位自筹。

二、评估内容

评估认为，项目的用地和规划条件基本具备，但尚未取得环保部门的批复意见；项目的规划选址、建设内容、规模、建设方案、投资估算等主要内容均需要进一步细化、完善；由于项目的主要建设内容及方案未落实，评估无法准确核算建设投资，仅在现阶段《可研报告》的基础上对投资估算进行了初步核实。评估后，项目总投资为 17913.6 万元，其中工程费用 15295.9 万元、工程建设其他费 1290.8 万元、预备费 1326.9 万元。与评估前相比，项目总投资核减 4350.9 万元（表 12-10）。

三、评估结论

（1）本项目已被国家发改委、教育部列入《中西部高校基础能力建设工程规划（一期）》，是提升学校基础办学能力的重要保障，项目建设是必要的。

（2）《可研报告》以在校生规模 25000 人测算图书馆面积，但根据评估调研，学校目前各类在校学生合计约 20000 人，两者相差较大。评估认为，应补充主管部门关于学生规模的批复文件，并以此作为图书馆规模测算的依据。

（3）根据《可研报告》相关内容及评估组现场调研，大学现有两座图书馆，分别是 A 校区图书馆，馆舍面积 10980m^2，以及 B 校区图书馆，馆舍面积 4543m^2。但是，《可研报告》中未考虑 B 校区的现有图书馆面积。评估认为，《可研报告》应在阐明学校中长期发展规划的基础上，明确学校现有图书馆的面积以及处置方案，说明学校现有图书馆及拟建图书馆在规模、功能、服务范围等方面的具体安排。

（4）项目的用地和规划条件基本具备，但应尽快落实环境影响评价的批复意见。

（5）对选址、建筑方案等应做比选。补充说明本项目分为两栋建筑的理由以及优劣势分析，并阐述建设对策。

（6）补充绿色建筑、图书馆专业设备、信息化建设等方案以及相应的投资估算。

（7）在完善建设方案的基础上，进一步核实建设投资。

综上所述，评估认为，本项目支撑性文件不完善，建设规模和建设方案的论证均不充分，暂不具备立项审批条件。

四、评估建议

（1）作为新时期筹建的高校图书馆，建设单位应充分认清互联网、云计算、数字化移动通信终端等互联网技术变革对图书馆形态带来的革命性和颠覆性影响，在图书馆建设方案中充分考虑“有形”的实物图书馆与“无形”的虚拟图书馆的合理结合，在技术选用上既应考虑适度的前瞻性，也应留有不断更新的余地。

（2）打破信息孤岛，建设以高度开放、互联互通、充分的资源共享为特征的“智慧型”图书馆。充分吸取国内外高校图书馆的建设经验，主动与其他高校图书馆及社会公共图书馆建立“图书馆联盟”，实现实物图书和数据库资源的联合采购、互联互通、资源共享，提高社会资源的有效利用率，降低图书馆运行费用。

（3）不同的设计理念产生不同的图书馆建设方案，不同的高校图书馆反映了学校管理者不同的治学理念和对学校发展目标的定位。建议项目单位充分认识图书馆作为校园地标性建筑对学校、学生及社会的影响；充分认识图书馆在传承校园文化、校园精神和激发学生创造性思维方面的重要地位；充分认识当前技术变革以及读者阅读习惯的转变趋势，把握新校区图书馆建设的机遇，坚持以人为本、节能低碳的原则，大胆吸收、充分利用现代科技成果，结合对既有图书馆的资源整合与功能重组，建设一个充满鲜明时代精神、文化内涵、创新思维与生态和谐的“智慧型”图书馆。

附件（表）：

1. 评估报告

2. 评估前后投资对比表（表 12-12）

××年××月××日

附　　件

××大学图书馆建设项目评估报告

一、项目建设的背景

××大学始建于××年，实行中央与地方共建、以地方管理为主的体制。学校由A校区、B校区和C校区三个校区组成。校园总占地面积约78.67hm²，其中：主校A校区占地约66.67hm²，B校区占地约9.33hm²，C校区占地约2.67hm²。

《可研报告》提出，学校现有两座图书馆：A校区图书馆馆舍面积10980m²，各种藏书文献120多万册，设阅览座位2100个；B校区图书馆馆舍面积4543m²，座位数600个，面积较小，而且距离A校区较远，学生无法使用。现有图书馆规模不能满足师生需求，并且基本上是传统的图书馆，与现代信息经济、网络经济的发展极不适应。因此，为适应学校发展需要，改善学校图书馆软硬件设施，项目单位提出本项目建设要求。

同时，根据评估调研，××年，本项目已被国家发改委、教育部列入《中西部高校基础能力建设工程规划（一期）》，经过前期准备，现正式进入项目立项申报阶段。

二、项目建设的必要性

《可研报告》从加强学校基础设施建设、实现学校长期发展规划目标、提高学生信息素质教育水平、为重点学科建设提供一流的专业藏书等方面分析了本项目建设的必要性，提出，本项目建设可以缓解该校图书馆建筑面积和藏书不足的现状，显著提高学校的办学条件和办学实力，为国家科研建设和该校的人才培养起到积极的促进作用。

评估认为，高校图书馆在高校建设中居重要地位，被称为高校三大办学支柱之一，其建设水平在相当程度上体现了高校办学水平的高低。因此，从提升学校基础办学能力的角度来说，项目建设是必要的。

同时，评估建议，作为新时期筹建的高校图书馆，建设单位应充分认清互联网、云计算、物联网、数字化移动通信终端等互联网技术变革对图书馆形态带来的革命性和颠覆性的影响，打破信息孤岛，建设以高度开放、互联互通、充分的资源共享为特征的“智慧型”图书馆。充分吸取国内外高校图书馆的建设经验，主动与其他高校图书馆及社会公共图书馆建立“图书馆联盟”，实现实物图书和数据库资源的联合采购、互联互通、资源共享，提高社会资源的有效利用率，降低图书馆运行费用。

此外，当今的高校图书馆应具备的特点，除了众所周知的信息资源数字化、信息传递网络化、信息利用共享化、信息实体虚拟化之外，更应注重信息提供知识化和信息服务智能化。所谓信息提供知识化，就是运用大数据技术，了解掌握信息的使用者是谁，信息用来做什么，从而运用数据分析整理，为用户提供深度延伸的服务。所谓智能化，就是充分运用已有的成熟技术——如物联网物流管理广泛使用的无线射频识别技术等，为智能机器代替人工服务创造条件。

三、主要建设内容及建设规模

《可研报告》提出，“十二五”末期，该大学在校学生将达 25000 人，其中本科生约 20000 人，研究生 5000 人。按照《普通高等学校建筑规划面积指标》(建标【1992】245 号)，该图书馆按学生的自然规模，即 25000 人测算，规划建筑面积指标为 1.77m^2/ 人，研究生的补助指标为 0.55m^2/ 人，学校图书馆总面积不宜超过 48880m^2。学校现有的图书馆建筑面积为 10980m^2，尚缺少 37900m^2。根据规范及学校目前实际情况和发展规划，图书馆建设规模确定为 37900m^2，藏书 250 万册。

图书馆面积一览表 表 12-10

序号	名称	指标（m^2/ 生）	人数（生）	面积（m^2）	寒冷地区增 4%（m^2）	总面积（m^2）
1	财经类院校	1.54	25000	44250	1770	46020
2	研究生补助面积	0.50	5000	2750	110	2860
合计						48880

关于本项目的建设内容和规模，评估认为：

（1）目前已处于“十二五”末期，根据《可研报告》介绍，学校当前“有各类在校学生19500人，其中，全日制本科生近16000人，研究生3500人”，距离“十二五”末期“在校学生规模达到25000人”的目标尚有较大差距，因此，本项目建设规模测算的基础性数据应进一步落实。

（2）根据《可研报告》相关内容及评估组现场调研，大学现有两座图书馆，分别是A校区图书馆，馆舍面积10980m^2，以及B校区图书馆，馆舍面积4543m^2。但是，上述测算办法中未考虑B校区的现有图书馆面积，应补充说明理由。

（3）《可研报告》提出“建设数字化，智能型、节约型现代化图书馆”，但是在建设内容中未提及信息化建设的内容，也没有具体的建设方案，应补充完善。

（4）《可研报告》中未包括必要的图书馆专业设备。

综合上述观点，评估提出以下具体意见和建议：

（1）补充主管部门关于学生规模的批复文件，并以此作为图书馆规模测算的依据。

（2）明确学校现有图书馆的面积以及处置方案，确保校区图书馆总规模以及校区各类校舍总规模不超过《普通高等学校建筑规划面积指标》的要求。

（3）对学校的中长期发展规划进行介绍，说明学校现有图书馆及拟建图书在规模、功能、服务范围等方面的具体安排。

（4）补充图书馆专业设备、信息化建设等方案的说明和费用。

（5）不同的设计理念产生不同的图书馆建设方案，不同的高校图书馆反映了学校管理者不同的治学理念和对学校发展目标的定位。《普通高等学校建筑规划面积指标》颁布于1992年，其生均图书馆面积的理念和标准，在馆藏资源数字化的今天已不能完全适用。建议项目单位充分认识图书馆作为校园地标性建筑对学校、学生及社会的影响；充分认识图书馆在传承校园文化、校园精神和激发学生创造性思维方面的重要地位；充分认识当前技术变革以及读者阅读习惯的转变趋势，把握新校区图书馆建设的机遇，坚持以人为本、节能低碳的原则，大胆吸收、充分利用现代科技成果，结合对既有图书馆的资源整合与功能重组，建设一个充满鲜明时代精神、文化内涵、创新思维与生态和谐的“智慧型”图书馆。

四、项目建设条件

（一）前置审批手续

项目用地已获得国土资源部门《关于 ×× 大学校园二期工程建设项目用地预审的审查意见》，原则通过用地预审。

项目规划已获得城乡规划部门出具的《建设项目选址意见书》。

项目尚未取得环保部门的批复意见。

评估认为，项目的用地和规划条件基本具备，但应尽快落实环境影响评价的批复意见。

同时，评估认为，本项目的选址地块被规划建设的南北向市政道路分为东西两块，对于项目的建设方案及图书馆后期的使用管理均有较大影响。因此，项目单位应对本项目的选址提出比选方案，进一步优化项目建设方案。

（二）市政配套

本项目选址位于 ×× 市城市中心城区范围内，市政配套条件良好，建设条件已基本具备。

五、征地拆迁及移民安置

本项目选址位于 ×× 市 ×× 区，A 校区以东。

根据评估组现场调研，项目用地范围内地面附着物较少，用地条件良好。

六、建设方案

（一）规划及建筑方案

《可研报告》提出，本项目位于 A 校区东部，分东西两座，西楼为地上六层地下一层，南北长为 88.8m，东西宽为 42.0m，建筑总高度为 25.5m。东楼为地上四层地下一层，东西长为 78.3m，南北宽为 42.0m，建筑总高度为 17.1m。图书馆藏书 250 万册，属于一类公共建筑。《可研报告》同时对建筑的功能分区、人防、外立面、交通、噪声消减等方案进行了介绍。

根据评估调研，本项目选址地块被规划建设的市政路分为东西两块，规划部门分别给出了建设条件。《可研报告》基于此提出了建设东西两栋图书馆的建设方案。评估认为，该方案会对图书馆的建设成本、管理使用等带来较大影响，因此建议对建设选址和建筑方案提出比选方案，具体意见如下：

（1）对选址、建筑方案等应做比选。

（2）补充说明本项目分为两栋建筑的理由以及优劣势分析，并阐述建设对策。

（3）如确定为东西两栋楼，则应对两栋建筑之间的功能关系以及交通组织进行补充说明。

（4）根据国办发〔2013〕1 号文件，本项目应执行绿色建筑标准，应增加绿建专篇。

（5）补充介绍交通条件、周边建筑与环境条件、法律支持条件、拆迁条件等相关内容。

（6）总图中地库汽车出入口直接开向道路渠化段，应调整。

（7）当前，数字化、网络化技术已经对图书馆的空间布局、管理设备、借阅方式等多方面造成了深刻影响。《可研报告》虽然提出了建设数字化图书馆的理念，但是缺少具体的建设方案。因此，评估认为，《可研报告》应补充有关图书馆数字化建设的内容，并在此基础上，从整体上优化建设方案。

（8）高校图书馆是大学校园的文化地标，是大学文化启蒙、精神传承和创新思维激发的重要园地，也是学校形象的标志性符号，高校图书馆的建设方案应能充分展示学校未来发展目标。因此，建议图书馆建筑外观和功能的设计应充分考虑时代特色、地方特色、学校特色。

（二）结构方案

《可研报告》提出，本工程结构安全等级为二级，地基基础设计等级为乙级，抗震设防类别为乙类，结构设计使用年限为 50 年，西楼、东楼结构形式均采用钢筋混凝土框架结构，框架抗震等级均为二级。

评估认为，本项目结构方案中部分设计内容不准确，同时缺少一些必要的说明，需要进一步修改完善，具体意见如下：

（1）核实场地类别是否正确。

（2）抗震设防类别应为丙类。

（3）框架抗震等级西楼应为一级，东楼为二级。

（4）应根据区域地质资料初步确定地基处理方案。

（5）项目荷载取值的依据要注明。

（6）应补充描述拟建图书馆与周围已建建筑物的关系，供估算基坑支护投资做参考。

（三）给水排水方案

《可研报告》提出，本项目水源为城市自来水，引自学校原有的给水管网（DN150），供水压力为 0.35MPa。项目日用水量为 $23.76m^3/d$，由市政管网直接供水。

评估认为，本项目给水排水设计方案基本可行，但部分设计内容应进一步修改完善，具体意见如下：

（1）建议给水引入管设为两根。

（2）核实市政管网压力，并相应确定采用的供水方式。

（3）确定水泵结合器的位置，说明消防室外管网的入户方式，以及消防水池、泵房的位置。

（4）本项目藏书大于 50 万册，宜采用自动喷水灭火系统。

（5）说明底层自动喷水的水泵房的位置。

（6）说明采用专用通气立管系统的原因。

（7）雨水内排水系统应采用出户管排水方式。

（四）暖通方案

《可研报告》提出，本项目采用空调系统采暖及制冷，空调系统采用自动控制系统调节。采暖热源由校区原有换热站提供，热媒为 60/50℃热水，并对通风方案进行了介绍。

评估认为，本项目暖通方案基本合理，但部分设计内容不完善，应进一步细化，具体意见如下：

（1）各层新风机组及地库的通风机应设置在专用机房，各房间的新风量应明确新风标准。

（2）通风空调管道应采用不燃材料制作。

（3）补充说明空调自动控制系统及冷却塔位置。

（4）补充完善人防通风设计内容及图书藏书库的事故通风系统。

（五）电气部分

《可研报告》提出，本工程为一类公共建筑，应按一级负荷要求供电。用电指标取 60W/m^2，项目装机容量为 2274kW，拟由校区现有 10kV 开闭所分别引来两路相互独立的 10kV 电源，并新增三台变压器。图书馆弱电内容包括有线电视系统、图书管理系统、安全监视系统、计算机网络系统、电话通信系统、楼宇智能控制系统和公共广播系统等。

评估认为，本项目电气设计方案不完善，且未对图书馆管理系统、图书检索计算机系统等进行介绍，应补充完善，具体意见如下：

（1）负荷等级叙述不完整，缺一级负荷中特别重要负荷，应补充。

（2）供电电源对需要第三电源的应急电源及第二电源交代不明确，应补充说明是否满足使用要求。

（3）低压系统缺少对重要负荷的供电方式的叙述，如安防系统、计算机系统、消防负荷等（一级负荷），应补充。

（4）补充图书馆管理系统、图书检索计算机系统、门禁系统、开馆、闭馆信号、大屏幕显示系统、能耗管理系统等弱电系统的说明。

（5）补充人防电气系统的说明。

（6）补充绿建的电气说明。

（7）明确东楼、西楼设备用房如何设置。

（六）信息化系统

评估认为，信息化系统对于现代图书馆具有极其重要的意义，直接影响图书馆的建设方案和日常使用管理，但《可研报告》中涉及弱电工程的内容较少，描述也不够规范，在设计上存在一定程度的含糊，应按以下意见修改完善：

（1）弱电工程设计部分应重新编制，应加入与计算机信息系统相关的基础设计内容。

（2）界定弱电工程建设的主要内容和核心内容，信息系统之间的配合关系要明确，并应同步设计，包括功能布局设计，以避免设计、建设上的重叠和难以配合。

（3）弱电总控与信息系统的总控应分离设计。

七、环境保护

项目尚未取得环保部门的批复意见。

《可研报告》从水污染、固体废弃物污染、空气污染、噪声污染等方面对项目建设可能对环境造成的不利影响进行了分析，并提出了相应的环境保护措施。

评估认为，本项目目前选址临近市政道路，可能受到市政交通的干扰较大，项目方案阶段应对此予以重视，提出合理的解决方案。同时，应尽快落实环境影响评价的批复意见。

八、节能

项目尚未取得节能主管部门的批复意见。

《可研报告》从建筑、给水排水、暖通、电气等方面进行了节能方案论述，提出了相应的节能措施。

评估认为，节能专篇中应补充完善项目主要能耗设备的能源消耗水平，并尽快落实能评批复意见。

九、投资估算及资金筹措

（一）投资估算

《可研报告》提出，项目总投资估算为 22264.5 万元，其中工程费用 18747.9

万元、工程建设其他费 1867.4 万元、预备费 1649.2 万元。

评估认为，由于项目的主要建设内容及方案未落实、未考虑既有图书馆资源整合与重组、未包含信息化设备等重要投资内容，其投资估算是不完整的，评估无法准确核算建设投资。评估仅在现阶段《可研报告》的基础上对投资估算进行了初步核实，《可研报告》应进一步完善建设方案，并按以下评估意见核实投资估算：

（1）明确室外工程的建设方案及工程量，并核实相应费用。

（2）补充书架等图书馆专业设备和信息化设备的费用。

（3）西楼土建、地库、给水排水等工程费用偏高，应核实。

（4）明确装修标准并相应核实装饰工程费用。

（5）通风空调平方米造价偏高。

（6）其他内容在方案细化后一并调整。

评估前后项目总投资对照表如下（表 12-11）：

评估前后投资估算对比简表（单位：万元） 表 12-11

费用名称		评估前	评估后	增减金额
项目总投资		22264.5	17913.6	－ 4350.9
其中	工程费用	18747.9	15295.9	－ 3452.0
	工程建设其他费	1867.4	1290.8	－ 576.6
	预备费	1649.2	1326.9	－ 322.3

评估后，项目总投资为 17913.6 万元，其中工程费用 15295.9 万元、工程建设其他费 1290.8 万元、预备费 1326.9 万元。与评估前相比，项目总投资核减 4350.9 万元（表 12-12）。

（二）资金筹措

项目单位拟申请政府资金支持，剩余款项由项目单位自筹。

十、社会影响

《可研报告》从项目的合法性、合理性、可行性、环境影响、社会安全等方面分析了本项目建设可能带来的社会影响。

评估认为，教育投入是支撑国家长远发展的基础性、战略性投资，是发展教育事业的重要物质基础，是公共财政保障的重点。本项目已入选《中西部高校基础能力建设工程规划（一期）》，是完善学校教学功能的重要保障，因此，项目建设过程中更要加强过程管理，加大公众参与的程度，充分征求利益相关群体的意见，确保项目顺利实施。

十一、主要风险及应对措施

《可研报告》从财务风险、组织管理风险、技术风险等方面分析了项目建设可能面临的风险，并提出了一定的防范措施。

评估认为，《可研报告》提出的风险分析较为笼统，应进一步细化。同时，评估认为，本项目分为东西两栋楼，且被市政道路分隔，可能会对校园管理和学生安全方面带来的一定的风险，因此，《可研报告》应在细化、完善建设方案的基础上，补充有关的风险分析和防范措施，提高项目应对风险的能力。

十二、结论及建议

（一）结论

通过对项目建设背景、必要性、建设内容、建设规模、建设条件、建设方案、节能环保、征地拆迁、投资估算、社会影响、主要风险及对策等方面的分析和研究，评估认为：

（1）本项目已被国家发改委、教育部列入《中西部高校基础能力建设工程规划（一期）》，是提升学校基础办学能力的重要保障，项目建设是必要的。

（2）《可研报告》以在校生规模 25000 人测算图书馆面积，但根据评估调研，学校目前各类在校学生合计约 20000 人，两者相差较大。评估认为，应补充主管部门关于学生规模的批复文件，并以此作为图书馆规模测算的依据。

（3）根据《可研报告》相关内容及评估组现场调研，大学现有两座图书馆，分别是 A 校区图书馆，馆舍面积 10980m^2，以及 B 校区图书馆，馆舍面积

4543m^2。但是,《可研报告》中未考虑迎泽校区的现有图书馆面积。评估认为,《可研报告给》应在阐明学校中长期发展规划的基础上，明确学校现有图书馆的面积以及处置方案，说明学校现有图书馆及拟建图书在规模、功能、服务范围等方面的具体安排。

（4）项目的用地和规划条件基本具备，但应尽快落实环境影响评价的批复意见。

（5）对选址、建筑方案等应做比选。补充说明本项目分为两栋建筑的理由以及优劣势分析，并阐述建设对策。

（6）补充绿色建筑、图书馆专业设备、信息化建设等方案以及相应的投资估算。

（7）在完善建设方案的基础上，进一步核实建设投资。

综上所述，评估认为，本项目支撑性文件不完善，建设规模和建设方案的论证均不充分，暂不具备立项审批条件。

（二）建议

（1）作为新时期筹建的高校图书馆，建设单位应充分认清互联网、云计算、数字化移动通信终端等互联网技术变革对图书馆形态带来的革命性和颠覆性影响，在图书馆建设方案中充分考虑“有形”的实物图书馆与“无形”的虚拟图书馆的合理结合，在技术选用上既应考虑适度的前瞻性，也应留有不断更新的余地。

（2）打破信息孤岛，建设以高度开放、互联互通、充分的资源共享为特征的“智慧型”图书馆。充分吸取国内外高校图书馆的建设经验，主动与其他高校图书馆及社会公共图书馆建立“图书馆联盟”，实现实物图书和数据库资源的联合采购、互联互通、资源共享，提高社会资源的有效利用率，降低图书馆运行费用。

（3）不同的设计理念产生不同的图书馆建设方案，不同的高校图书馆反映了学校管理者不同的治学理念和对学校发展目标的定位。《普通高等学校建筑规划面积指标》颁布于1992年，其生均图书馆面积的理念和标准，在馆藏资源数字化的今天已不能完全适用。建议项目单位充分认识图书馆作为校园地标性建筑对学校、学生及社会的影响；充分认识图书馆在传承校园文化、校园精神和激发学生创造性思维方面的重要地位；充分认识当前技术变革以及读者阅读习惯的转变趋势，把握新校区图书馆建设的机遇，坚持以人为本、节能低碳的原则，大胆吸收、充分利用现代科技成果，结合对既有图书馆的资源整合与功能重组，建设一个充满鲜明时代精神、文化内涵、创新思维与生态和谐的“智慧型”图书馆。

附表

评估前后投资对比表（单位：万元）

表 12-12

序号	项目及费用名称	单位	可研报告			评估后			增（减）金额	备注
			工程量	单价（元）	总价	工程量	单价（元）	总价		
一	第一部分工程费用		37900.0	4946.7	18747.9	37900.0	4035.8	15295.9	－3452.0	
1	图书馆西楼（地上）		16700	4749.8	7932.2	16700	3669.9	6128.7	－1803.5	
1.1	土建工程	m^2	16700	1850	3089.5	16700	1400	2338.0	－751.5	
1.2	装饰工程	m^2	16700	1450	2421.5	16700	1000	1670.0	－751.5	
1.3	给水排水工程	m^2	16700	120	200.4	16700	70	116.9	－83.5	
1.4	消防工程	m^2	16700	200	334	16700	200	334.0	0.0	
1.5	暖通空调工程	m^2	16700	420	701.4	16700	370	617.9	－83.5	
1.6	强电工程	m^2	16700	320	534.4	16700	270	450.9	－83.5	
1.7	弱电工程	m^2	16700	300	501	16700	300	501.0	0.0	
1.8	电梯工程	部	5	300000	150	5	200000	100.0	－50.0	
2	图书馆东楼		14500	4587.2	6651.5	14500	4105.2	5952.5	－699.0	
2.1	土建工程	m^2	14500	1800	2610	14500	1800	2610.0	0.0	
2.2	装饰工程	m^2	14500	1300	1885	14500	1000	1450.0	－435.0	
2.3	给水排水工程	m^2	14500	100	145	14500	70	101.5	－43.5	
2.4	消防工程	m^2	14500	220	319	14500	220	319.0	0.0	
2.5	暖通空调工程	m^2	14500	420	609	14500	370	536.5	－72.5	
2.6	强电工程	m^2	14500	350	507.5	14500	270	391.5	－116.0	
2.7	弱电工程	m^2	14500	320	464	14500	320	464.0	0.0	

续表

序号	项目及费用名称	单位	可研报告			评估后			增（减）金额	备注
			工程量	单价（元）	总价	工程量	单价（元）	总价		
2.8	电梯工程	部	4	280000	112	4	200000	80.0	－32.0	
3	地下人防（车库）	m^2	6700	4500.0	3015.0	6700	3500.0	2345.0	－670.0	
4	辅助工程				1149.2			869.7	－279.5	
4.1	室外配套管线工程				758.0			500.0	－258.0	
4.2	道路及地面硬化工程	m^2	10924	240	262.2	10924	240	262.2	0.0	
4.3	绿化工程	m^2	10749	120	129.0	10749	100	107.5	－21.5	
二	第二部分其他费用				1867.4			1290.8	－576.6	
1	建设单位管理费				225.0			183.6	－41.4	1.20%
2	工程监理费				371.5			248.9	－122.6	
3	设计审查费				37.5			30.6	－6.9	0.20%
4	勘察成果审查费				3.7			3.0	－0.7	6.50%
5	招标代理费				35.5			20.8	－14.7	
6	可研报告编制费				42.4			42.4	0.0	
7	工程勘察费				56.2			45.9	－10.4	0.30%
8	基本设计费				534.0			354.8	－179.1	
9	施工图预算编制费				53.4			35.5	－17.9	10%
10	竣工图编制费				42.7			28.4	－14.3	8%
11	环境影响评价费				4.1			3.0	－1.1	
12	劳动安全卫生评价费				18.8			15.3	－3.5	0.1%
13	场地准备及临时设施费				147.9			122.4	－25.5	0.8%
14	工程保险费				27.7			9.2	－18.6	0.06%

续表

序号	项目及费用名称	单位	可研报告			评估后			增（减）金额	备注
			工程量	单价（元）	总价	工程量	单价（元）	总价		
15	特殊设备安全监督检验费				2.1			1.4	－0.7	0.8%
16	城市基础设施配套费				238.8			119.4	－119.4	减免 30%
17	高可靠性供电费				26.3			26.3	0.0	
三	基本预备费				1649.2			1326.9	－322.3	8%
四	总计（一＋二＋三）		37900.0	0.59	22264.5	37900.0	0.47	17913.6	－4350.9	

附录

常用政策法规文件

中华人民共和国国务院令

第 712 号

《政府投资条例》已经 2018 年 12 月 5 日国务院第 33 次常务会议通过，现予公布，自 2019 年 7 月 1 日起施行。

总　理　　李克强

2019 年 4 月 14 日

政府投资条例

第一章　总　　则

第一条　为了充分发挥政府投资作用，提高政府投资效益，规范政府投资行为，激发社会投资活力，制定本条例。

第二条　本条例所称政府投资，是指在中国境内使用预算安排的资金进行固定资产投资建设活动，包括新建、扩建、改建、技术改造等。

第三条　政府投资资金应当投向市场不能有效配置资源的社会公益服务、公共基础设施、农业农村、生态环境保护、重大科技进步、社会管理、国家安全等公共领域的项目，以非经营性项目为主。

国家完善有关政策措施，发挥政府投资资金的引导和带动作用，鼓励社会资金投向前款规定的领域。

国家建立政府投资范围定期评估调整机制，不断优化政府投资方向和结构。

第四条　政府投资应当遵循科学决策、规范管理、注重绩效、公开透明的原则。

第五条　政府投资应当与经济社会发展水平和财政收支状况相适应。

国家加强对政府投资资金的预算约束。政府及其有关部门不得违法违规举借债务筹措政府投资资金。

第六条 政府投资资金按项目安排，以直接投资方式为主；对确需支持的经营性项目，主要采取资本金注入方式，也可以适当采取投资补助、贷款贴息等方式。

安排政府投资资金，应当符合推进中央与地方财政事权和支出责任划分改革的有关要求，并平等对待各类投资主体，不得设置歧视性条件。

国家通过建立项目库等方式，加强对使用政府投资资金项目的储备。

第七条 国务院投资主管部门依照本条例和国务院的规定，履行政府投资综合管理职责。国务院其他有关部门依照本条例和国务院规定的职责分工，履行相应的政府投资管理职责。

县级以上地方人民政府投资主管部门和其他有关部门依照本条例和本级人民政府规定的职责分工，履行相应的政府投资管理职责。

第二章 政府投资决策

第八条 县级以上人民政府应当根据国民经济和社会发展规划、中期财政规划和国家宏观调控政策，结合财政收支状况，统筹安排使用政府投资资金的项目，规范使用各类政府投资资金。

第九条 政府采取直接投资方式、资本金注入方式投资的项目（以下统称政府投资项目），项目单位应当编制项目建议书、可行性研究报告、初步设计，按照政府投资管理权限和规定的程序，报投资主管部门或者其他有关部门审批。

项目单位应当加强政府投资项目的前期工作，保证前期工作的深度达到规定的要求，并对项目建议书、可行性研究报告、初步设计以及依法应当附具的其他文件的真实性负责。

第十条 除涉及国家秘密的项目外，投资主管部门和其他有关部门应当通过投资项目在线审批监管平台（以下简称在线平台），使用在线平台生成的项目代码办理政府投资项目审批手续。

投资主管部门和其他有关部门应当通过在线平台列明与政府投资有关的规划、产业政策等，公开政府投资项目审批的办理流程、办理时限等，并为项目单位提供相关咨询服务。

第十一条　投资主管部门或者其他有关部门应当根据国民经济和社会发展规划、相关领域专项规划、产业政策等，从下列方面对政府投资项目进行审查，作出是否批准的决定：

（一）项目建议书提出的项目建设的必要性；

（二）可行性研究报告分析的项目的技术经济可行性、社会效益以及项目资金等主要建设条件的落实情况；

（三）初步设计及其提出的投资概算是否符合可行性研究报告批复以及国家有关标准和规范的要求；

（四）依照法律、行政法规和国家有关规定应当审查的其他事项。

投资主管部门或者其他有关部门对政府投资项目不予批准的，应当书面通知项目单位并说明理由。

对经济社会发展、社会公众利益有重大影响或者投资规模较大的政府投资项目，投资主管部门或者其他有关部门应当在中介服务机构评估、公众参与、专家评议、风险评估的基础上作出是否批准的决定。

第十二条　经投资主管部门或者其他有关部门核定的投资概算是控制政府投资项目总投资的依据。

初步设计提出的投资概算超过经批准的可行性研究报告提出的投资估算 10% 的，项目单位应当向投资主管部门或者其他有关部门报告，投资主管部门或者其他有关部门可以要求项目单位重新报送可行性研究报告。

第十三条　对下列政府投资项目，可以按照国家有关规定简化需要报批的文件和审批程序：

（一）相关规划中已经明确的项目；

（二）部分扩建、改建项目；

（三）建设内容单一、投资规模较小、技术方案简单的项目；

（四）为应对自然灾害、事故灾难、公共卫生事件、社会安全事件等突发事件需要紧急建设的项目。

前款第三项所列项目的具体范围，由国务院投资主管部门会同国务院其他有关部门规定。

第十四条　采取投资补助、贷款贴息等方式安排政府投资资金的，项目单位应当按照国家有关规定办理手续。

第三章 政府投资年度计划

第十五条 国务院投资主管部门对其负责安排的政府投资编制政府投资年度计划，国务院其他有关部门对其负责安排的本行业、本领域的政府投资编制政府投资年度计划。

县级以上地方人民政府有关部门按照本级人民政府的规定，编制政府投资年度计划。

第十六条 政府投资年度计划应当明确项目名称、建设内容及规模、建设工期、项目总投资、年度投资额及资金来源等事项。

第十七条 列入政府投资年度计划的项目应当符合下列条件：

（一）采取直接投资方式、资本金注入方式的，可行性研究报告已经批准或者投资概算已经核定；

（二）采取投资补助、贷款贴息等方式的，已经按照国家有关规定办理手续；

（三）县级以上人民政府有关部门规定的其他条件。

第十八条 政府投资年度计划应当和本级预算相衔接。

第十九条 财政部门应当根据经批准的预算，按照法律、行政法规和国库管理的有关规定，及时、足额办理政府投资资金拨付。

第四章 政府投资项目实施

第二十条 政府投资项目开工建设，应当符合本条例和有关法律、行政法规规定的建设条件；不符合规定的建设条件的，不得开工建设。

国务院规定应当审批开工报告的重大政府投资项目，按照规定办理开工报告审批手续后方可开工建设。

第二十一条 政府投资项目应当按照投资主管部门或者其他有关部门批准的建设地点、建设规模和建设内容实施；拟变更建设地点或者拟对建设规模、建设内容等作较大变更的，应当按照规定的程序报原审批部门审批。

第二十二条 政府投资项目所需资金应当按照国家有关规定确保落实到位。

政府投资项目不得由施工单位垫资建设。

第二十三条 政府投资项目建设投资原则上不得超过经核定的投资概算。

因国家政策调整、价格上涨、地质条件发生重大变化等原因确需增加投资概算的，项目单位应当提出调整方案及资金来源，按照规定的程序报原初步设计审批部门或者投资概算核定部门核定；涉及预算调整或者调剂的，依照有关预算的法律、行政法规和国家有关规定办理。

第二十四条 政府投资项目应当按照国家有关规定合理确定并严格执行建设工期，任何单位和个人不得非法干预。

第二十五条 政府投资项目建成后，应当按照国家有关规定进行竣工验收，并在竣工验收合格后及时办理竣工财务决算。

政府投资项目结余的财政资金，应当按照国家有关规定缴回国库。

第二十六条 投资主管部门或者其他有关部门应当按照国家有关规定选择有代表性的已建成政府投资项目，委托中介服务机构对所选项目进行后评价。后评价应当根据项目建成后的实际效果，对项目审批和实施进行全面评价并提出明确意见。

第五章 监督管理

第二十七条 投资主管部门和依法对政府投资项目负有监督管理职责的其他部门应当采取在线监测、现场核查等方式，加强对政府投资项目实施情况的监督检查。

项目单位应当通过在线平台如实报送政府投资项目开工建设、建设进度、竣工的基本信息。

第二十八条 投资主管部门和依法对政府投资项目负有监督管理职责的其他部门应当建立政府投资项目信息共享机制，通过在线平台实现信息共享。

第二十九条 项目单位应当按照国家有关规定加强政府投资项目档案管理，将项目审批和实施过程中的有关文件、资料存档备查。

第三十条 政府投资年度计划、政府投资项目审批和实施以及监督检查的信息应当依法公开。

第三十一条 政府投资项目的绩效管理、建设工程质量管理、安全生产管理等事项，依照有关法律、行政法规和国家有关规定执行。

第六章　法律责任

第三十二条　有下列情形之一的，责令改正，对负有责任的领导人员和直接责任人员依法给予处分：

（一）超越审批权限审批政府投资项目；

（二）对不符合规定的政府投资项目予以批准；

（三）未按照规定核定或者调整政府投资项目的投资概算；

（四）为不符合规定的项目安排投资补助、贷款贴息等政府投资资金；

（五）履行政府投资管理职责中其他玩忽职守、滥用职权、徇私舞弊的情形。

第三十三条　有下列情形之一的，依照有关预算的法律、行政法规和国家有关规定追究法律责任：

（一）政府及其有关部门违法违规举借债务筹措政府投资资金；

（二）未按照规定及时、足额办理政府投资资金拨付；

（三）转移、侵占、挪用政府投资资金。

第三十四条　项目单位有下列情形之一的，责令改正，根据具体情况，暂停、停止拨付资金或者收回已拨付的资金，暂停或者停止建设活动，对负有责任的领导人员和直接责任人员依法给予处分：

（一）未经批准或者不符合规定的建设条件开工建设政府投资项目；

（二）弄虚作假骗取政府投资项目审批或者投资补助、贷款贴息等政府投资资金；

（三）未经批准变更政府投资项目的建设地点或者对建设规模、建设内容等作较大变更；

（四）擅自增加投资概算；

（五）要求施工单位对政府投资项目垫资建设；

（六）无正当理由不实施或者不按照建设工期实施已批准的政府投资项目。

第三十五条　项目单位未按照规定将政府投资项目审批和实施过程中的有关文件、资料存档备查，或者转移、隐匿、篡改、毁弃项目有关文件、资料的，责令改正，对负有责任的领导人员和直接责任人员依法给予处分。

第三十六条　违反本条例规定，构成犯罪的，依法追究刑事责任。

第七章 附 则

第三十七条 国防科技工业领域政府投资的管理办法，由国务院国防科技工业管理部门根据本条例规定的原则另行制定。

第三十八条 中国人民解放军和中国人民武装警察部队的固定资产投资管理，按照中央军事委员会的规定执行。

第三十九条 本条例自 2019 年 7 月 1 日起施行。

中华人民共和国国务院令

第 713 号

现公布《重大行政决策程序暂行条例》，自 2019 年 9 月 1 日起施行。

总　理　　李克强

2019 年 4 月 20 日

重大行政决策程序暂行条例

第一章　总　　则

第一条　为了健全科学、民主、依法决策机制，规范重大行政决策程序，提高决策质量和效率，明确决策责任，根据宪法、地方各级人民代表大会和地方各级人民政府组织法等规定，制定本条例。

第二条　县级以上地方人民政府（以下称决策机关）重大行政决策的作出和调整程序，适用本条例。

第三条　本条例所称重大行政决策事项（以下简称决策事项）包括：

（一）制定有关公共服务、市场监管、社会管理、环境保护等方面的重大公共政策和措施；

（二）制定经济和社会发展等方面的重要规划；

（三）制定开发利用、保护重要自然资源和文化资源的重大公共政策和措施；

（四）决定在本行政区域实施的重大公共建设项目；

（五）决定对经济社会发展有重大影响、涉及重大公共利益或者社会公众切身利益的其他重大事项。

法律、行政法规对本条第一款规定事项的决策程序另有规定的，依照其规定。财政政策、货币政策等宏观调控决策，政府立法决策以及突发事件应急处置决策不适用本条例。

决策机关可以根据本条第一款的规定，结合职责权限和本地实际，确定决策事项目录、标准，经同级党委同意后向社会公布，并根据实际情况调整。

第四条　重大行政决策必须坚持和加强党的全面领导，全面贯彻党的路线方针政策和决策部署，发挥党的领导核心作用，把党的领导贯彻到重大行政决策全过程。

第五条　作出重大行政决策应当遵循科学决策原则，贯彻创新、协调、绿色、开放、共享的发展理念，坚持从实际出发，运用科学技术和方法，尊重客观规律，适应经济社会发展和全面深化改革要求。

第六条　作出重大行政决策应当遵循民主决策原则，充分听取各方面意见，保障人民群众通过多种途径和形式参与决策。

第七条　作出重大行政决策应当遵循依法决策原则，严格遵守法定权限，依法履行法定程序，保证决策内容符合法律、法规和规章等规定。

第八条　重大行政决策依法接受本级人民代表大会及其常务委员会的监督，根据法律、法规规定属于本级人民代表大会及其常务委员会讨论决定的重大事项范围或者应当在出台前向本级人民代表大会常务委员会报告的，按照有关规定办理。

上级行政机关应当加强对下级行政机关重大行政决策的监督。审计机关按照规定对重大行政决策进行监督。

第九条　重大行政决策情况应当作为考核评价决策机关及其领导人员的重要内容。

第二章　决策草案的形成

第一节　决策启动

第十条　对各方面提出的决策事项建议，按照下列规定进行研究论证后，报请决策机关决定是否启动决策程序：

（一）决策机关领导人员提出决策事项建议的，交有关单位研究论证；

（二）决策机关所属部门或者下一级人民政府提出决策事项建议的，应当论证拟解决的主要问题、建议理由和依据、解决问题的初步方案及其必要性、可行性等；

（三）人大代表、政协委员等通过建议、提案等方式提出决策事项建议，以及公民、法人或者其他组织提出书面决策事项建议的，交有关单位研究论证。

第十一条　决策机关决定启动决策程序的，应当明确决策事项的承办单位（以下简称决策承办单位），由决策承办单位负责重大行政决策草案的拟订等工作。决策事项需要两个以上单位承办的，应当明确牵头的决策承办单位。

第十二条　决策承办单位应当在广泛深入开展调查研究、全面准确掌握有关信息、充分协商协调的基础上，拟订决策草案。

决策承办单位应当全面梳理与决策事项有关的法律、法规、规章和政策，使决策草案合法合规、与有关政策相衔接。

决策承办单位根据需要对决策事项涉及的人财物投入、资源消耗、环境影响等成本和经济、社会、环境效益进行分析预测。

有关方面对决策事项存在较大分歧的，决策承办单位可以提出两个以上方案。

第十三条　决策事项涉及决策机关所属部门、下一级人民政府等单位的职责，或者与其关系紧密的，决策承办单位应当与其充分协商；不能取得一致意见的，应当向决策机关说明争议的主要问题，有关单位的意见，决策承办单位的意见、理由和依据。

第二节　公众参与

第十四条　决策承办单位应当采取便于社会公众参与的方式充分听取意见，依法不予公开的决策事项除外。

听取意见可以采取座谈会、听证会、实地走访、书面征求意见、向社会公开征求意见、问卷调查、民意调查等多种方式。

决策事项涉及特定群体利益的，决策承办单位应当与相关人民团体、社会组织以及群众代表进行沟通协商，充分听取相关群体的意见建议。

第十五条　决策事项向社会公开征求意见的，决策承办单位应当通过政府网站、政务新媒体以及报刊、广播、电视等便于社会公众知晓的途径，公布决策草案及其说明等材料，明确提出意见的方式和期限。公开征求意见的期限一般不少于 30 日；因情况紧急等原因需要缩短期限的，公开征求意见时应当予以说明。

对社会公众普遍关心或者专业性、技术性较强的问题，决策承办单位可以通过专家访谈等方式进行解释说明。

第十六条 决策事项直接涉及公民、法人、其他组织切身利益或者存在较大分歧的，可以召开听证会。法律、法规、规章对召开听证会另有规定的，依照其规定。

决策承办单位或者组织听证会的其他单位应当提前公布决策草案及其说明等材料，明确听证时间、地点等信息。

需要遴选听证参加人的，决策承办单位或者组织听证会的其他单位应当提前公布听证参加人遴选办法，公平公开组织遴选，保证相关各方都有代表参加听证会。听证参加人名单应当提前向社会公布。听证会材料应当于召开听证会 7 日前送达听证参加人。

第十七条 听证会应当按照下列程序公开举行：

（一）决策承办单位介绍决策草案、依据和有关情况；

（二）听证参加人陈述意见，进行询问、质证和辩论，必要时可以由决策承办单位或者有关专家进行解释说明；

（三）听证参加人确认听证会记录并签字。

第十八条 决策承办单位应当对社会各方面提出的意见进行归纳整理、研究论证，充分采纳合理意见，完善决策草案。

第三节 专家论证

第十九条 对专业性、技术性较强的决策事项，决策承办单位应当组织专家、专业机构论证其必要性、可行性、科学性等，并提供必要保障。

专家、专业机构应当独立开展论证工作，客观、公正、科学地提出论证意见，并对所知悉的国家秘密、商业秘密、个人隐私依法履行保密义务；提供书面论证意见的，应当署名、盖章。

第二十条 决策承办单位组织专家论证，可以采取论证会、书面咨询、委托咨询论证等方式。选择专家、专业机构参与论证，应当坚持专业性、代表性和中立性，注重选择持不同意见的专家、专业机构，不得选择与决策事项有直接利害关系的专家、专业机构。

第二十一条　省、自治区、直辖市人民政府应当建立决策咨询论证专家库，规范专家库运行管理制度，健全专家诚信考核和退出机制。

市、县级人民政府可以根据需要建立决策咨询论证专家库。

决策机关没有建立决策咨询论证专家库的，可以使用上级行政机关的专家库。

第四节　风险评估

第二十二条　重大行政决策的实施可能对社会稳定、公共安全等方面造成不利影响的，决策承办单位或者负责风险评估工作的其他单位应当组织评估决策草案的风险可控性。

按照有关规定已对有关风险进行评价、评估的，不作重复评估。

第二十三条　开展风险评估，可以通过舆情跟踪、重点走访、会商分析等方式，运用定性分析与定量分析等方法，对决策实施的风险进行科学预测、综合研判。

开展风险评估，应当听取有关部门的意见，形成风险评估报告，明确风险点，提出风险防范措施和处置预案。

开展风险评估，可以委托专业机构、社会组织等第三方进行。

第二十四条　风险评估结果应当作为重大行政决策的重要依据。决策机关认为风险可控的，可以作出决策；认为风险不可控的，在采取调整决策草案等措施确保风险可控后，可以作出决策。

第三章　合法性审查和集体讨论决定

第一节　合法性审查

第二十五条　决策草案提交决策机关讨论前，应当由负责合法性审查的部门进行合法性审查。不得以征求意见等方式代替合法性审查。

决策草案未经合法性审查或者经审查不合法的，不得提交决策机关讨论。对国家尚无明确规定的探索性改革决策事项，可以明示法律风险，提交决策机关讨论。

第二十六条　送请合法性审查，应当提供决策草案及相关材料，包括有关法律、法规、规章等依据和履行决策法定程序的说明等。提供的材料不符合要求的，负责合法性审查的部门可以退回，或者要求补充。

送请合法性审查，应当保证必要的审查时间，一般不少于7个工作日。

第二十七条　合法性审查的内容包括：

（一）决策事项是否符合法定权限；

（二）决策草案的形成是否履行相关法定程序；

（三）决策草案内容是否符合有关法律、法规、规章和国家政策的规定。

第二十八条　负责合法性审查的部门应当及时提出合法性审查意见，并对合法性审查意见负责。在合法性审查过程中，应当组织法律顾问、公职律师提出法律意见。决策承办单位根据合法性审查意见进行必要的调整或者补充。

第二节　集体讨论决定和决策公布

第二十九条　决策承办单位提交决策机关讨论决策草案，应当报送下列材料：

（一）决策草案及相关材料，决策草案涉及市场主体经济活动的，应当包含公平竞争审查的有关情况；

（二）履行公众参与程序的，同时报送社会公众提出的主要意见的研究采纳情况；

（三）履行专家论证程序的，同时报送专家论证意见的研究采纳情况；

（四）履行风险评估程序的，同时报送风险评估报告等有关材料；

（五）合法性审查意见；

（六）需要报送的其他材料。

第三十条　决策草案应当经决策机关常务会议或者全体会议讨论。决策机关行政首长在集体讨论的基础上作出决定。

讨论决策草案，会议组成人员应当充分发表意见，行政首长最后发表意见。行政首长拟作出的决定与会议组成人员多数人的意见不一致的，应当在会上说明理由。

集体讨论决定情况应当如实记录，不同意见应当如实载明。

第三十一条　重大行政决策出台前应当按照规定向同级党委请示报告。

第三十二条　决策机关应当通过本级人民政府公报和政府网站以及在本行政区域内发行的报纸等途径及时公布重大行政决策。对社会公众普遍关心或者专业性、技术性较强的重大行政决策，应当说明公众意见、专家论证意见的采纳情况，通过新闻发布会、接受访谈等方式进行宣传解读。依法不予公开的除外。

第三十三条　决策机关应当建立重大行政决策过程记录和材料归档制度，由有关单位将履行决策程序形成的记录、材料及时完整归档。

第四章　决策执行和调整

第三十四条　决策机关应当明确负责重大行政决策执行工作的单位（以下简称决策执行单位），并对决策执行情况进行督促检查。决策执行单位应当依法全面、及时、正确执行重大行政决策，并向决策机关报告决策执行情况。

第三十五条　决策执行单位发现重大行政决策存在问题、客观情况发生重大变化，或者决策执行中发生不可抗力等严重影响决策目标实现的，应当及时向决策机关报告。

公民、法人或者其他组织认为重大行政决策及其实施存在问题的，可以通过信件、电话、电子邮件等方式向决策机关或者决策执行单位提出意见建议。

第三十六条　有下列情形之一的，决策机关可以组织决策后评估，并确定承担评估具体工作的单位：

（一）重大行政决策实施后明显未达到预期效果；

（二）公民、法人或者其他组织提出较多意见；

（三）决策机关认为有必要。

开展决策后评估，可以委托专业机构、社会组织等第三方进行，决策作出前承担主要论证评估工作的单位除外。

开展决策后评估，应当注重听取社会公众的意见，吸收人大代表、政协委员、人民团体、基层组织、社会组织参与评估。

决策后评估结果应当作为调整重大行政决策的重要依据。

第三十七条　依法作出的重大行政决策，未经法定程序不得随意变更或者停止执行；执行中出现本条例第三十五条规定的情形、情况紧急的，决策机关行政首长可以先决定中止执行；需要作出重大调整的，应当依照本条例履行相关法定程序。

第五章 法律责任

第三十八条 决策机关违反本条例规定的，由上一级行政机关责令改正，对决策机关行政首长、负有责任的其他领导人员和直接责任人员依法追究责任。

决策机关违反本条例规定造成决策严重失误，或者依法应当及时作出决策而久拖不决，造成重大损失、恶劣影响的，应当倒查责任，实行终身责任追究，对决策机关行政首长、负有责任的其他领导人员和直接责任人员依法追究责任。

决策机关集体讨论决策草案时，有关人员对严重失误的决策表示不同意见的，按照规定减免责任。

第三十九条 决策承办单位或者承担决策有关工作的单位未按照本条例规定履行决策程序或者履行决策程序时失职渎职、弄虚作假的，由决策机关责令改正，对负有责任的领导人员和直接责任人员依法追究责任。

第四十条 决策执行单位拒不执行、推诿执行、拖延执行重大行政决策，或者对执行中发现的重大问题瞒报、谎报或者漏报的，由决策机关责令改正，对负有责任的领导人员和直接责任人员依法追究责任。

第四十一条 承担论证评估工作的专家、专业机构、社会组织等违反职业道德和本条例规定的，予以通报批评、责令限期整改；造成严重后果的，取消评估资格、承担相应责任。

第六章 附　　则

第四十二条 县级以上人民政府部门和乡级人民政府重大行政决策的作出和调整程序，参照本条例规定执行。

第四十三条 省、自治区、直辖市人民政府根据本条例制定本行政区域重大行政决策程序的具体制度。

国务院有关部门参照本条例规定，制定本部门重大行政决策程序的具体制度。

第四十四条 本条例自 2019 年 9 月 1 日起施行。

中共中央国务院关于深化投融资体制改革的意见

中发〔2016〕18号

（2016年7月5日）

党的十八大以来，党中央、国务院大力推进简政放权、放管结合、优化服务改革，投融资体制改革取得新的突破，投资项目审批范围大幅度缩减，投资管理工作重心逐步从事前审批转向过程服务和事中事后监管，企业投资自主权进一步落实，调动了社会资本积极性。同时也要看到，与政府职能转变和经济社会发展要求相比，投融资管理体制仍然存在一些问题，主要是：简政放权不协同、不到位，企业投资主体地位有待进一步确立；投资项目融资难融资贵问题较为突出，融资渠道需要进一步畅通；政府投资管理亟需创新，引导和带动作用有待进一步发挥；权力下放与配套制度建设不同步，事中事后监管和过程服务仍需加强；投资法制建设滞后，投资监管法治化水平亟待提高。为深化投融资体制改革，充分发挥投资对稳增长、调结构、惠民生的关键作用，现提出以下意见。

一、总体要求

全面贯彻落实党的十八大和十八届三中、十八届四中、十八届五中全会精神，以邓小平理论、“三个代表”重要思想、科学发展观为指导，深入学习贯彻习近平总书记系列重要讲话精神，按照“五位一体”总体布局和“四个全面”战略布局，牢固树立和贯彻落实创新、协调、绿色、开放、共享的新发展理念，着力推进结构性改革尤其是供给侧结构性改革，充分发挥市场在资源配置中的决定性作用和更好发挥政府作用。进一步转变政府职能，深入推进简政放权、放管结合、优化服务改革，建立完善企业自主决策、融资渠道畅通，职能转变到位、政府行为规范，宏观调控有效、法治保障健全的新型投融资体制。

——企业为主，政府引导。科学界定并严格控制政府投资范围，平等对待各类投资主体，确立企业投资主体地位，放宽放活社会投资，激发民间投资潜力和创新活力。充分发挥政府投资的引导作用和放大效应，完善政府和社会资本合作模式。

——放管结合，优化服务。将投资管理工作的立足点放到为企业投资活动做好服务上，在服务中实施管理，在管理中实现服务。更加注重事前政策引导、事中事后监管约束和过程服务，创新服务方式，简化服务流程，提高综合服务能力。

——创新机制，畅通渠道。打通投融资渠道，拓宽投资项目资金来源，充分挖掘社会资金潜力，让更多储蓄转化为有效投资，有效缓解投资项目融资难融资贵问题。

——统筹兼顾，协同推进。投融资体制改革要与供给侧结构性改革以及财税、金融、国有企业等领域改革有机衔接、整体推进，建立上下联动、横向协同工作机制，形成改革合力。

二、改善企业投资管理，充分激发社会投资动力和活力

（一）确立企业投资主体地位。坚持企业投资核准范围最小化，原则上由企业依法依规自主决策投资行为。在一定领域、区域内先行试点企业投资项目承诺制，探索创新以政策性条件引导、企业信用承诺、监管有效约束为核心的管理模式。对极少数关系国家安全和生态安全、涉及全国重大生产力布局、战略性资源开发和重大公共利益等项目，政府从维护社会公共利益角度确需依法进行审查把关的，应将相关事项以清单方式列明，最大限度缩减核准事项。

（二）建立投资项目“三个清单”管理制度。及时修订并公布政府核准的投资项目目录，实行企业投资项目管理负面清单制度，除目录范围内的项目外，一律实行备案制，由企业按照有关规定向备案机关备案。建立企业投资项目管理权力清单制度，将各级政府部门行使的企业投资项目管理职权以清单形式明确下来，严格遵循职权法定原则，规范职权行使，优化管理流程。建立企业投资项目

管理责任清单制度，厘清各级政府部门企业投资项目管理职权所对应的责任事项，明确责任主体，健全问责机制。建立健全“三个清单”动态管理机制，根据情况变化适时调整。清单应及时向社会公布，接受社会监督，做到依法、公开、透明。

（三）优化管理流程。实行备案制的投资项目，备案机关要通过投资项目在线审批监管平台或政务服务大厅，提供快捷备案服务，不得设置任何前置条件。实行核准制的投资项目，政府部门要依托投资项目在线审批监管平台或政务服务大厅实行并联核准。精简投资项目准入阶段的相关手续，只保留选址意见、用地（用海）预审以及重特大项目的环评审批作为前置条件；按照并联办理、联合评审的要求，相关部门要协同下放审批权限，探索建立多评合一、统一评审的新模式。加快推进中介服务市场化进程，打破行业、地区壁垒和部门垄断，切断中介服务机构与政府部门间的利益关联，建立公开透明的中介服务市场。进一步简化、整合投资项目报建手续，取消投资项目报建阶段技术审查类的相关审批手续，探索实行先建后验的管理模式。

（四）规范企业投资行为。各类企业要严格遵守城乡规划、土地管理、环境保护、安全生产等方面的法律法规，认真执行相关政策和标准规定，依法落实项目法人责任制、招标投标制、工程监理制和合同管理制，切实加强信用体系建设，自觉规范投资行为。对于以不正当手段取得核准或备案手续以及未按照核准内容进行建设的项目，核准、备案机关应当根据情节轻重依法给予警告、责令停止建设、责令停产等处罚；对于未依法办理其他相关手续擅自开工建设，以及建设过程中违反城乡规划、土地管理、环境保护、安全生产等方面的法律法规的项目，相关部门应依法予以处罚。相关责任人员涉嫌犯罪的，依法移送司法机关处理。各类投资中介服务机构要坚持诚信原则，加强自我约束，增强服务意识和社会责任意识，塑造诚信高效、社会信赖的行业形象。有关行业协会要加强行业自律，健全行业规范和标准，提高服务质量，不得变相审批。

三、完善政府投资体制，发挥好政府投资的引导和带动作用

（五）进一步明确政府投资范围。政府投资资金只投向市场不能有效配置资

源的社会公益服务、公共基础设施、农业农村、生态环境保护和修复、重大科技进步、社会管理、国家安全等公共领域的项目，以非经营性项目为主，原则上不支持经营性项目。建立政府投资范围定期评估调整机制，不断优化投资方向和结构，提高投资效率。

（六）优化政府投资安排方式。政府投资资金按项目安排，以直接投资方式为主。对确需支持的经营性项目，主要采取资本金注入方式投入，也可适当采取投资补助、贷款贴息等方式进行引导。安排政府投资资金应当在明确各方权益的基础上平等对待各类投资主体，不得设置歧视性条件。根据发展需要，依法发起设立基础设施建设基金、公共服务发展基金、住房保障发展基金、政府出资产业投资基金等各类基金，充分发挥政府资金的引导作用和放大效应。加快地方政府融资平台的市场化转型。

（七）规范政府投资管理。依据国民经济和社会发展规划及国家宏观调控总体要求，编制三年滚动政府投资计划，明确计划期内的重大项目，并与中期财政规划相衔接，统筹安排、规范使用各类政府投资资金。依据三年滚动政府投资计划及国家宏观调控政策，编制政府投资年度计划，合理安排政府投资。建立覆盖各地区各部门的政府投资项目库，未入库项目原则上不予安排政府投资。完善政府投资项目信息统一管理机制，建立贯通各地区各部门的项目信息平台，并尽快拓展至企业投资项目，实现项目信息共享。改进和规范政府投资项目审批制，采用直接投资和资本金注入方式的项目，对经济社会发展、社会公众利益有重大影响或者投资规模较大的，要在咨询机构评估、公众参与、专家评议、风险评估等科学论证基础上，严格审批项目建议书、可行性研究报告、初步设计。经国务院及有关部门批准的专项规划、区域规划中已经明确的项目，部分改扩建项目，以及建设内容单一、投资规模较小、技术方案简单的项目，可以简化相关文件内容和审批程序。

（八）加强政府投资事中事后监管。加强政府投资项目建设管理，严格投资概算、建设标准、建设工期等要求。严格按照项目建设进度下达投资计划，确保政府投资及时发挥效益。严格概算执行和造价控制，健全概算审批、调整等管理制度。进一步完善政府投资项目代理建设制度。在社会事业、基础设施等领域，推广应用建筑信息模型技术。鼓励有条件的政府投资项目通过市场化方式进行运营管理。完善政府投资监管机制，加强投资项目审计监督，强化重大项目稽察制度，完善竣工验收制度，建立后评价制度，健全政府投资责任追究制度。建立社会监督机制，推动政府投资信息公开，鼓励公众和媒体对政府投资进行监督。

（九）鼓励政府和社会资本合作。各地区各部门可以根据需要和财力状况，通过特许经营、政府购买服务等方式，在交通、环保、医疗、养老等领域采取单个项目、组合项目、连片开发等多种形式，扩大公共产品和服务供给。要合理把握价格、土地、金融等方面的政策支持力度，稳定项目预期收益。要发挥工程咨询、金融、财务、法律等方面专业机构作用，提高项目决策的科学性、项目管理的专业性和项目实施的有效性。

四、创新融资机制，畅通投资项目融资渠道

（十）大力发展直接融资。依托多层次资本市场体系，拓宽投资项目融资渠道，支持有真实经济活动支撑的资产证券化，盘活存量资产，优化金融资源配置，更好地服务投资兴业。结合国有企业改革和混合所有制机制创新，优化能源、交通等领域投资项目的直接融资。通过多种方式加大对种子期、初创期企业投资项目的金融支持力度，有针对性地为“双创”项目提供股权、债权以及信用贷款等融资综合服务。加大创新力度，丰富债券品种，进一步发展企业债券、公司债券、非金融企业债务融资工具、项目收益债等，支持重点领域投资项目通过债券市场筹措资金。开展金融机构以适当方式依法持有企业股权的试点。设立政府引导、市场化运作的产业（股权）投资基金，积极吸引社会资本参加，鼓励金融机构以及全国社会保障基金、保险资金等在依法合规、风险可控的前提下，经批准后通过认购基金份额等方式有效参与。加快建立规范的地方政府举债融资机制，支持省级政府依法依规发行政府债券，用于公共领域重点项目建设。

（十一）充分发挥政策性、开发性金融机构积极作用。在国家批准的业务范围内，政策性、开发性金融机构要加大对城镇棚户区改造、生态环保、城乡基础设施建设、科技创新等重大项目和工程的资金支持力度。根据宏观调控需要，支持政策性、开发性金融机构发行金融债券专项用于支持重点项目建设。发挥专项建设基金作用，通过资本金注入、股权投资等方式，支持看得准、有回报、不新

增过剩产能、不形成重复建设、不产生挤出效应的重点领域项目。建立健全政银企社合作对接机制，搭建信息共享、资金对接平台，协调金融机构加大对重大工程的支持力度。

（十二）完善保险资金等机构资金对项目建设的投资机制。在风险可控的前提下，逐步放宽保险资金投资范围，创新资金运用方式。鼓励通过债权、股权、资产支持等多种方式，支持重大基础设施、重大民生工程、新型城镇化等领域的项目建设。加快推进全国社会保障基金、基本养老保险基金、企业年金等投资管理体系建设，建立和完善市场化投资运营机制。

（十三）加快构建更加开放的投融资体制。创新有利于深化对外合作的投融资机制，加强金融机构协调配合，用好各类资金，为国内企业走出去和重点合作项目提供更多投融资支持。在宏观和微观审慎管理框架下，稳步放宽境内企业和金融机构赴境外融资，做好风险规避。完善境外发债备案制，募集低成本外汇资金，更好地支持企业对外投资项目。加强与国际金融机构和各国政府、企业、金融机构之间的多层次投融资合作。

五、切实转变政府职能，提升综合服务管理水平

（十四）创新服务管理方式。探索建立并逐步推行投资项目审批首问负责制，投资主管部门或审批协调机构作为首家受理单位“一站式”受理、“全流程”服务，一家负责到底。充分运用互联网和大数据等技术，加快建设投资项目在线审批监管平台，联通各级政府部门，覆盖全国各类投资项目，实现一口受理、网上办理、规范透明、限时办结。加快建立投资项目统一代码制度，统一汇集审批、建设、监管等项目信息，实现信息共享，推动信息公开，提高透明度。各有关部门要制定项目审批工作规则和办事指南，及时公开受理情况、办理过程、审批结果，发布政策信息、投资信息、中介服务信息等，为企业投资决策提供参考和帮助。鼓励新闻媒体、公民、法人和其他组织依法对政府的服务管理行为进行监督。下移服务管理重心，加强业务指导和基层投资管理队伍建设，给予地方更多自主权，充分调动地方积极性。

（十五）加强规划政策引导。充分发挥发展规划、产业政策、行业标准等对

投资活动的引导作用，并为监管提供依据。把发展规划作为引导投资方向，稳定投资运行，规范项目准入，优化项目布局，合理配置资金、土地（海域）、能源资源、人力资源等要素的重要手段。完善产业结构调整指导目录、外商投资产业指导目录等，为各类投资活动提供依据和指导。构建更加科学、更加完善、更具操作性的行业准入标准体系，加快制定修订能耗、水耗、用地、碳排放、污染物排放、安全生产等技术标准，实施能效和排污强度“领跑者”制度，鼓励各地区结合实际依法制定更加严格的地方标准。

（十六）健全监管约束机制。按照谁审批谁监管、谁主管谁监管的原则，明确监管责任，注重发挥投资主管部门综合监管职能、地方政府就近就便监管作用和行业管理部门专业优势，整合监管力量，共享监管信息，实现协同监管。依托投资项目在线审批监管平台，加强项目建设全过程监管，确保项目合法开工、建设过程合规有序。各有关部门要完善规章制度，制定监管工作指南和操作规程，促进监管工作标准具体化、公开化。要严格执法，依法纠正和查处违法违规投资建设行为。实施投融资领域相关主体信用承诺制度，建立异常信用记录和严重违法失信“黑名单”，纳入全国信用信息共享平台，强化并提升政府和投资者的契约意识和诚信意识，形成守信激励、失信惩戒的约束机制，促使相关主体切实强化责任，履行法定义务，确保投资建设市场安全高效运行。

六、强化保障措施，确保改革任务落实到位

（十七）加强分工协作。各地区各部门要充分认识深化投融资体制改革的重要性和紧迫性，加强组织领导，搞好分工协作，制定具体方案，明确任务分工、时间节点，定期督查、强化问责，确保各项改革措施稳步推进。国务院投资主管部门要切实履行好投资调控管理的综合协调、统筹推进职责。

（十八）加快立法工作。完善与投融资相关的法律法规，制定实施政府投资条例、企业投资项目核准和备案管理条例，加快推进社会信用、股权投资等方面的立法工作，依法保护各方权益，维护竞争公平有序、要素合理流动的投融资市场环境。

（十九）推进配套改革。加快推进铁路、石油、天然气、电力、电信、医疗、

教育、城市公用事业等领域改革，规范并完善政府和社会资本合作、特许经营管理，鼓励社会资本参与。加快推进基础设施和公用事业等领域价格改革，完善市场决定价格机制。研究推动土地制度配套改革。加快推进金融体制改革和创新，健全金融市场运行机制。投融资体制改革与其他领域改革要协同推进，形成叠加效应，充分释放改革红利。

国家发展改革委关于印发投资咨询评估管理办法的通知

发改投资规〔2018〕1604 号

国务院各部委、各直属机构，各省、自治区、直辖市及计划单列市、新疆生产建设兵团发展改革委，各中央管理企业：

为进一步完善投资决策程序，提高投资决策的科学性和民主性，规范投资决策过程中的咨询评估工作，保障咨询评估质量，我委对《国家发展改革委委托投资咨询评估管理办法（2015 年修订）》进行了修订，制定了《国家发展改革委投资咨询评估管理办法》。现印发你们，请按照执行。

附件：国家发展改革委投资咨询评估管理办法

国家发展改革委

2018 年 11 月 5 日

附件

国家发展改革委投资咨询评估管理办法

第 1 章　总　　则

第一条　为进一步完善国家发展改革委投资决策程序，提高投资决策的科学性和民主性，规范投资决策过程中的咨询评估工作，保障咨询评估质量，根据《中共中央 国务院关于深化投融资体制改革的意见》（中发〔2016〕18 号）、《企业投资项目核准和备案管理条例》（国务院令第 673 号）、《工程咨询行业管理办法》（国家发展改革委 2017 年第 9 号令）等要求，制定本办法。

第二条　国家发展改革委在审批固定资产投资项目及其相关专项规划时，应当坚持“先评估、后决策”的原则，经相关工程咨询单位咨询评估，在充分考虑咨询评估意见的基础上作出决策决定。国家发展改革委在进行其他投资决策过程中，也要充分发挥相关工程咨询单位的作用。国家发展改革委委托相关工程咨询单位开展投资咨询评估工作，适用本办法。

第三条　国家发展改革委委托的投资咨询评估纳入投资决策程序、为投资决策服务，咨询评估范围、咨询评估机构由国家发展改革委确定，咨询评估费用由国家发展改革委支付，咨询评估质量由国家发展改革委管理。

第四条　国家发展改革委通过竞争方式择优选择投资咨询评估机构，建立“短名单”并实行动态管理。国家发展改革委根据本办法规定的咨询评估范围，委托“短名单”内机构承担投资咨询评估任务。国家发展改革委委托“短名单”内机构承担本办法规定的咨询评估范围以外任务的，工作程序、费用支出等根据业务需要执行相关规定。

第二章　咨询评估范围

第五条　国家发展改革委委托的投资咨询评估包括以下事项：

（一）投资审批咨询评估，具体包括：

（1）专项规划，指国家发展改革委审批或核报国务院审批的涉及重大建设项目和需安排政府投资的专项规划（含规划调整）；

（2）项目建议书，指国家发展改革委审批或核报国务院审批的政府投资项目建议书；

（3）可行性研究报告，指国家发展改革委审批或核报国务院审批的政府投资项目可行性研究报告；

（4）项目申请报告，指国家发展改革委核准或核报国务院核准的企业投资项目申请报告；

（5）资金申请报告，限于按具体项目安排中央预算内投资资金、确有必要对拟安排项目、资金额度进行评估的资金申请报告；

（6）党中央、国务院授权开展的项目其他前期工作审核评估。

（二）投资管理中期评估和后评价，具体包括：

（1）对本条上一款中的专项规划的中期评估和后评价；

（2）政府投资项目后评价；

（3）中央预算内投资专项实施情况的评估、专项的投资效益评价。

第六条 国家发展改革委审批政府投资项目初步设计和概算核定，原则上由国家投资项目评审中心实行专业评审。需要特殊专业技术服务的，经投资司同意后，主办司局可以委托投资咨询评估。安排中央预算内投资额度较大的地方政府投资项目资金申请报告，也可由国家投资项目评审中心实行专业评审。

第三章 咨询评估机构管理

第七条 承担具体专业投资咨询评估任务的评估机构，应当具备以下条件：

（一）通过全国投资项目在线审批监管平台备案并列入公示名录的工程咨询单位；

（二）具有所申请专业的甲级资信等级，或具有甲级综合资信等级；

（三）近3年完成所申请专业总投资3亿元以上项目可行性研究报告、项目申请报告编制，项目建议书、可行性研究报告、项目申请报告、项目资金申请报告及规划的评估业绩共不少于20项（特殊行业除外）。国家发展改革委可以确定具有相关能力的机构作为投资咨询评估机构，以备承担特殊行业或特殊复杂事项的咨询评估任务。

第八条 国家发展改革委对承担投资咨询评估任务的咨询机构实行“短名单”管理。确定“短名单”的程序是：

（一）根据各有关司局的需求，确定投资咨询评估专业；

（二）投资司根据确定的投资咨询评估专业，经过公开遴选程序，提出咨询评估机构建议名单；

（三）各专业司局对咨询评估机构建议名单研提意见；

（四）投资司根据各专业司局意见拟订“短名单”报请委领导审核；

（五）确定“短名单”并予以公告。

第九条 国家发展改革委根据投资管理需要，结合投资咨询评估机构管理情况，对“短名单”机构进行动态调整，原则上每三年调整一次。

第十条 其他部门委托国家发展改革委“短名单”机构承担咨询评估任务、

发现存在服务质量问题的，可以告知国家发展改革委作出相应处理。

第四章 委内工作程序

第十一条 承担委托任务的咨询评估机构的排序和选取，按以下规则进行：

（一）分专业对评估机构进行初始随机排队；

（二）按照初始随机排队的先后顺序，确定承担评估任务的机构；

（三）评估机构接受任务后，随即排到该专业排队顺序的队尾；评估机构如果拒绝接受任务，应提交书面说明，排到排队顺序的队尾；

（四）选取咨询评估机构应当符合回避原则，承担某一事项编制任务的机构，不得承担同一事项的咨询评估任务；承担咨询评估任务的机构，与同一事项的编制单位、项目业主单位之间不得存在控股、管理关系或者负责人为同一人的重大关联关系。

第十二条 具体选取咨询评估机构，除绝密事项外，均通过委内委托评估系统办理，具体程序是：

（一）按照投资决策委内职责分工，由主办司局通过委托评估系统提出咨询评估申请，填写事项基本情况、评估要求、评估时限等，申请事项填写完毕并确认后，由委托评估系统自动生成咨询评估机构名单；

（二）主办司局对自动生成的咨询评估机构名单，按照回避原则进行核实，对符合回避原则的予以确认，完成确定咨询评估机构；6对不符合回避原则的，委托评估系统再次自动生成咨询评估机构，由主办司局核实并最终完成确定咨询评估机构；

（三）确定咨询评估机构后，委托评估申请发送投资司审核，投资司对委托评估的必要性、咨询评估范围、咨询评估机构选取等是否符合本办法规定进行审核，审核同意后，发回主办司局；

（四）主办司局根据审核后的委托评估申请，办理咨询评估委托书发文事宜。对特别重要项目或特殊事项的咨询评估任务，可以通过招标或指定方式确定评估机构。

第十三条 对国民经济和社会发展有重要影响的专项规划和重大项目的项目申请报告、项目建议书、项目可行性研究报告，可以委托多家评估机构承担咨询评估任务。

第五章　咨询评估工作规范

第十四条　在接受评估任务后，评估机构应当确定项目负责人，成立评估小组，制定评估工作计划，定期反馈评估工作进度，在规定时限内提交评估报告。项目负责人应当是经执业登记的咨询工程师（投资）。参加评估小组的人员应当熟悉国家和行业发展有关政策法规规划、技术标准规范，评估小组应当具有一定数量的本专业高级技术职称人员。

第十五条　涉密项目的咨询评估任务应按照《保守国家秘密法》及其实施条例规定，由国家发展改革委主办司局通过与评估机构签订保密协议并监督执行的方式进行保密管理。

第十六条　评估报告的内容包括：标题及文号、目录、摘要、正文、附件。评估机构在评估工作中要求补充相关资料时，应当书面通知评估事项的项目单位。该书面通知及补充资料应当作为评估报告的附件报送国家发展改革委。评估报告应当附具项目负责人及评估小组成员名单，并加盖评估机构公章和项目负责人的咨询工程师（投资）执业专用章。

第十七条　国家发展改革委委托咨询评估的完成时限一般不超过30个工作日。评估机构因特殊情况确实难以在规定时限内完成的，应在规定时限到期日的5个工作日之前向国家发展改革委主办司局书面报告有关情况，征得委托司局书面同意后，可以延长完成时限，但延长的期限不得超过60个工作日。

第十八条　评估机构应不断改进内部管理机制，优化评估工作流程，完善评估专家库，保证独立、公正、客观、科学地开展评估工作，提高评估工作水平和质量。

第六章　咨询评估质量管理

第十九条　咨询评估任务完成后，国家发展改革委主办司局应当通过委托评估系统填写对评估报告质量的评价，评价情况分为较好、一般、较差。质量评价结果与服务费用、“短名单”动态管理挂钩。对评估报告首次评价为较差的咨询机构，由投资司进行约谈、警告；对累计两次评价为较差的咨询机构，由投资司暂停其“短名单”机构资格一年；对累计三次评价为较差的咨询机构，由投资司将其从“短名单”中删除。

第二十条 评估机构应于每年1月底前向国家发展改革委投资司报送上一年度的评估工作总结报告。评估工作总结报告内容主要包括：上一年度承接、完成国家发展改革委委托咨询评估任务情况；评估工作中遇到的问题及有关意见建议等。

第二十一条 国家发展改革委受理对评估机构的举报、投诉，并组织或委托有关机构和专家进行检查核实，对查实的问题按照规定进行相应处理。

第二十二条 除根据第十九条对咨询评估质量进行管理外，评估机构有下列情形之一的，国家发展改革委应当将其从“短名单”中删除：

（一）评估报告有重大失误；

（二）累计两次拒绝接受委托任务；

（三）未在规定时限或者经批准的延期时限内完成委托任务；

（四）违反《工程咨询行业管理办法》有关规定的。

出现上述（一）所列情形的，对涉及的咨询工程师（投资），取消其执业登记。

第二十三条 咨询评估机构存在违反第二十二条规定的，将相关信用信息纳入全国信用信息共享平台；情节严重的，通过“信用中国”网站向社会公示。

第二十四条 国家发展改革委有关工作人员，在投资咨询评估管理工作过程中玩忽职守、滥用职权、徇私舞弊、索贿受贿的，对负有责任的领导人员和直接责任人员依法给予处分；构成犯罪的，依法追究刑事责任。

第七章 附　　则

第二十五条 国家发展改革委按年度根据咨询评估任务完成情况，安排中央预算内投资结算咨询评估费用。评估机构及其工作人员，不得收取所评估事项的项目单位任何费用，不得向项目单位摊支成本。

第二十六条 地方发展改革部门可以参照本办法的规定，制定有关管理办法。

第二十七条 本办法由国家发展改革委负责解释。

第二十八条　本办法自 2019 年 1 月 1 日起施行。《国家发展改革委关于印发委托投资咨询评估管理办法（2015 年修订）的通知》（发改投资〔2015〕1761 号）和《国家发展改革委办公厅关于印发委托投资咨询评估委内工作规则（2015 年修订）的通知》（发改办投资〔2015〕2032 号）同时废止。

工程咨询行业管理办法
（中华人民共和国国家发展和改革委员会第9号令）

第一章 总则

第一条 为加强对工程咨询行业的管理，规范从业行为，保障工程咨询服务质量，促进投资科学决策、规范实施，发挥投资对优化供给结构的关键性作用，根据《中共中央国务院关于深化投融资体制改革的意见》（中发〔2016〕18号）、《企业投资项目核准和备案管理条例》（国务院令第673号）及有关法律法规，制定本办法。

第二条 工程咨询是遵循独立、公正、科学的原则，综合运用多学科知识、工程实践经验、现代科学和管理方法，在经济社会发展、境内外投资建设项目决策与实施活动中，为投资者和政府部门提供阶段性或全过程咨询和管理的智力服务。

第三条 工程咨询单位是指在中国境内设立的从事工程咨询业务并具有独立法人资格的企业、事业单位。工程咨询单位及其从业人员应当遵守国家法律法规和政策要求，恪守行业规范和职业道德，积极参与和接受行业自律管理。

第四条 国家发展改革委负责指导和规范全国工程咨询行业发展，制定工程咨询单位从业规则和标准，组织开展对工程咨询单位及其人员执业行为的监督管理。地方各级发展改革部门负责指导和规范本行政区域内工程咨询行业发展，实施对工程咨询单位及其人员执业行为的监督管理。

第五条 各级发展改革部门对工程咨询行业协会等行业组织进行政策和业务指导，依法加强监管。

第二章 工程咨询单位管理

第六条 对工程咨询单位实行告知性备案管理。工程咨询单位应当通过全国投资项目在线审批监管平台（以下简称在线平台）备案以下信息：

（一）基本情况，包括企业营业执照（事业单位法人证书）、在岗人员及技术力量、从事工程咨询业务年限、联系方式等；

（二）从事的工程咨询专业和服务范围；

（三）备案专业领域的专业技术人员配备情况；

（四）非涉密的咨询成果简介。工程咨询单位应当保证所备案信息真实、准确、完整。备案信息有变化的，工程咨询单位应及时通过在线平台告知。工程咨询单位基本信息由国家发展改革委通过在线平台向社会公布。

第七条　工程咨询业务按照以下专业划分：

（一）农业、林业；（二）水利水电；（三）电力（含火电、水电、核电、新能源）；（四）煤炭；（五）石油天然气；（六）公路；（七）铁路、城市轨道交通；（八）民航；（九）水运（含港口河海工程）；（十）电子、信息工程（含通信、广电、信息化）；（十一）冶金（含钢铁、有色）；（十二）石化、化工、医药；（十三）核工业；（十四）机械（含智能制造）；（十五）轻工、纺织；（十六）建材；（十七）建筑；（十八）市政公用工程；（十九）生态建设和环境工程；（二十）水文地质、工程测量、岩土工程；（二十一）其他（以实际专业为准）。

第八条　工程咨询服务范围包括：

（一）规划咨询：含总体规划、专项规划、区域规划及行业规划的编制；

（二）项目咨询：含项目投资机会研究、投融资策划，项目建议书（预可行性研究）、项目可行性研究报告、项目申请报告、资金申请报告的编制，政府和社会资本合作（PPP）项目咨询等；

（三）评估咨询：各级政府及有关部门委托的对规划、项目建议书、可行性研究报告、项目申请报告、资金申请报告、PPP项目实施方案、初步设计的评估，规划和项目中期评价、后评价，项目概预决算审查，及其他履行投资管理职能所需的专业技术服务；

（四）全过程工程咨询：采用多种服务方式组合，为项目决策、实施和运营持续提供局部或整体解决方案以及管理服务。有关工程设计、工程造价、工程监理等资格，由国务院有关主管部门认定。

第九条　工程咨询单位订立服务合同和开展相应的咨询业务，应当与备案的专业和服务范围一致。

第十条　工程咨询单位应当建立健全咨询质量管理制度，建立和实行咨询成果质量、成果文件审核等岗位人员责任制。

第十一条 工程咨询单位应当和委托方订立书面合同，约定各方权利义务并共同遵守。合同中应明确咨询活动形成的知识产权归属。

第十二条 工程咨询实行有偿服务。工程咨询服务价格由双方协商确定，促进优质优价，禁止价格垄断和恶意低价竞争。

第十三条 编写咨询成果文件应当依据法律法规、有关发展建设规划、技术标准、产业政策以及政府部门发布的标准规范等。

第十四条 咨询成果文件上应当加盖工程咨询单位公章和咨询工程师（投资）执业专用章。工程咨询单位对咨询质量负总责。主持该咨询业务的人员对咨询成果文件质量负主要直接责任，参与人员对其编写的篇章内容负责。实行咨询成果质量终身负责制。工程咨询单位在开展项目咨询业务时，应在咨询成果文件中就符合本办法第十三条要求，及独立、公正、科学的原则作出信用承诺。工程项目在设计使用年限内，因工程咨询质量导致项目单位重大损失的，应倒查咨询成果质量责任，并根据本办法第三十、三十一条进行处理，形成工程咨询成果质量追溯机制。

第十五条 工程咨询单位应当建立从业档案制度，将委托合同、咨询成果文件等存档备查。

第十六条 承担编制任务的工程咨询单位，不得承担同一事项的评估咨询任务。承担评估咨询任务的工程咨询单位，与同一事项的编制单位、项目业主单位之间不得存在控股、管理关系或者负责人为同一人的重大关联关系。

第三章 从业人员管理

第十七条 国家设立工程咨询（投资）专业技术人员水平评价类职业资格制度。通过咨询工程师（投资）职业资格考试并取得职业资格证书的人员，表明其已具备从事工程咨询（投资）专业技术岗位工作的职业能力和水平。取得咨询工程师（投资）职业资格证书的人员从事工程咨询工作的，应当选择且仅能同时选择一个工程咨询单位作为其执业单位，进行执业登记并取得登记证书。

第十八条 咨询工程师（投资）是工程咨询行业的核心技术力量。工程咨询单位应当配备一定数量的咨询工程师（投资）。

第十九条 国家发展改革委和人力资源社会保障部按职责分工负责工程咨询

（投资）专业技术人员职业资格制度实施的指导、监督、检查工作。中国工程咨询协会具体承担咨询工程师（投资）的管理工作，开展考试、执业登记、继续教育、执业检查等管理事务。

第二十条 执业登记分为初始登记、变更登记、继续登记和注销登记四类。申请登记的人员，应当选择已通过在线平台备案的工程咨询单位，按照本办法第七条划分的专业申请登记。申请人最多可以申请两个专业。

第二十一条 申请人登记合格取得《中华人民共和国咨询工程师（投资）登记证书》和执业专用章，登记证书和执业专用章是咨询工程师（投资）的执业证明。登记的有效期为 3 年。

第四章 行业自律和监督检查

第二十二条 工程咨询单位应具备良好信誉和相应能力。国家发展改革委应当推进工程咨询单位资信管理体系建设，指导监督行业组织开展资信评价，为委托单位择优选择工程咨询单位和政府部门实施重点监督提供参考依据。

第二十三条 工程咨询单位资信评价等级以一定时期内的合同业绩、守法信用记录和专业技术力量为主要指标，分为甲级和乙级两个级别，具体标准由国家发展改革委制定。

第二十四条 甲级资信工程咨询单位的评定工作，由国家发展改革委指导有关行业组织开展。乙级资信工程咨询单位的评定工作，由省级发展改革委指导有关行业组织开展。

第二十五条 开展工程咨询单位资信评价工作的行业组织，应当根据本办法及资信评价标准开展资信评价工作，并向获得资信评价的工程咨询单位颁发资信评价等级证书。

第二十六条 工程咨询单位的资信评价结果，由国家和省级发展改革委通过在线平台和“信用中国”网站向社会公布。行业自律性质的资信评价等级，仅作为委托咨询业务的参考。任何单位不得对资信评价设置机构数量限制，不得对各类工程咨询单位设置区域性、行业性从业限制，也不得对未参加或未获得资信评价的工程咨询单位设置执业限制。

第二十七条 国家和省级发展改革委应当依照有关法律法规、本办法及有关规定，制订工程咨询单位监督检查计划，按照一定比例开展抽查，并及时公布抽查结果。监督检查内容主要包括：

（一）遵守国家法律法规及有关规定的情况；

（二）信息备案情况；

（三）咨询质量管理制度建立情况；

（四）咨询成果质量情况；

（五）咨询成果文件档案建立情况；

（六）其他应当检查的内容。

第二十八条 中国工程咨询协会应当对咨询工程师（投资）执业情况进行检查。检查内容包括：

（一）遵守国家法律法规及有关规定的情况；

（二）登记申请材料的真实性；

（三）遵守职业道德、廉洁从业情况；

（四）行使权利、履行义务情况；

（五）接受继续教育情况；

（六）其他应当检查的情况。

第二十九条 国家和省级发展改革委应当对实施行业自律管理的工程咨询行业组织开展年度评估，提出加强和改进自律管理的建议。对评估中发现问题的，按照本办法第三十二条处理。

第五章 法律责任

第三十条 工程咨询单位有下列行为之一的，由发展改革部门责令改正；情节严重的，给予警告处罚并从备案名录中移除；已获得资信评价等级的，由开展资信评价的组织取消其评价等级。触犯法律的，依法追究法律责任。

（一）备案信息存在弄虚作假或与实际情况不符的；

（二）违背独立公正原则，帮助委托单位骗取批准文件和国家资金的；

（三）弄虚作假、泄露委托方的商业秘密以及采取不正当竞争手段损害其他工程咨询单位利益的；

（四）咨询成果存在严重质量问题的；

（五）未建立咨询成果文件完整档案的；

（六）伪造、涂改、出租、出借、转让资信评价等级证书的；

（七）弄虚作假、提供虚假材料申请资信评价的；

（八）弄虚作假、帮助他人申请咨询工程师（投资）登记的；

（九）其他违反法律法规的行为。对直接责任人员，由发展改革部门责令改正，或给予警告处罚；涉及咨询工程师（投资）的，按本办法第三十一条处理。

第三十一条　咨询工程师（投资）有下列行为之一的，由中国工程咨询协会视情节轻重给予警告、通报批评、注销登记证书并收回执业专用章。触犯法律的，依法追究法律责任。

（一）在执业登记中弄虚作假的；

（二）准许他人以本人名义执业的；

（三）涂改或转让登记证书和执业专用章的；

（四）接受任何影响公正执业的酬劳的。

第三十二条　行业组织有下列情形之一的，由国家或省级发展改革委责令改正或停止有关行业自律管理工作；情节严重的，对行业组织和责任人员给予警告处罚。触犯法律的，依法追究法律责任。

（一）无故拒绝工程咨询单位申请资信评价的；

（二）无故拒绝申请人申请咨询工程师（投资）登记的；

（三）未按规定标准开展资信评价的；

（四）未按规定开展咨询工程师（投资）登记的；

（五）伙同申请单位或申请人弄虚作假的；

（六）其他违反法律、法规的行为。

第三十三条　工程咨询行业有关单位、组织和人员的违法违规信息，列入不良记录，及时通过在线平台和“信用中国”网站向社会公布，并建立违法失信联合惩戒机制。

第六章　附　　则

第三十四条　本办法所称省级发展改革委是指各省、自治区、直辖市及计划单列市、新疆生产建设兵团发展改革委。

第三十五条 本办法由国家发展改革委负责解释。

第三十六条 本办法自2017年12月6日起施行。《工程咨询单位资格认定办法》(国家发展改革委2005年第29号令)、《国家发展改革委关于适用〈工程咨询单位资格认定办法〉有关条款的通知》(发改投资〔2009〕620号)、《咨询工程师(投资)管理办法》(国家发展改革委2013年第2号令)同时废止。

参考文献

[1] 何俊德．项目评估理论与方法（第三版）[M]．武汉：华中科技大学出版社，2015.

[2] 苏益．投资项目评估（第三版）[M]．北京：清华大学出版社，2017.

[3] 张爱莲．风险评估方法[M]．北京：机械工业出版社，2017.

[4] 宋蕊．重大投资项目社会稳定风险评估研究与实践[M]．北京：中国电力出版社，2017.

[5] 林金炎．公共项目评估导引与案例[M]．北京：经济科学出版社，2017.

[6] 张毅．工程建设前期筹划（第二版）[M]．上海：同济大学出版社，2003.

[7] 任时夏．公益性公共建筑项目建设前期工程咨询实务[M]．北京：人民交通出版社，2008.

[8] 于俊年．投资项目可行性研究与项目评估[M]．北京：对外经济贸易大学出版社，2015.

[9] 闫军印，马晓国．建设项目评估（第3版）[M]．北京：机械工业出版社，2016.

[10] 任婷．我国建筑工程环境保护法律制度研究[D]．上海：上海交通大学，2007.

[11] 国家发改委，建设部．建设项目经济评价方法与参数（第三版）[M]．北京：中国计划出版社，2006.

[12] 投资项目可行性研究指南编写组．投资项目可行性研究指南[M]．北京：中国电力出版社，2002.

[13] 王立国．项目评估理论与实务[M]．北京：首都经济贸易大学出版社，2011.

[14] 国家发展改革委资源节约和环境保护司．固定资产投资项目节能评估和审查工作指南[M]．北京：中国市场出版社，2012.

[15] 环境保护部环境工程评估中心．环境影响评价相关法律法规[M]．北京：中国环境出版社，2017.

[16] 全国咨询工程师（投资）职业资格考试参考教材编写委员会．项目决策分析与评价[M]．北京：中国计划出版社，2017.

[17] 全国咨询工程师（投资）职业资格考试参考教材编写委员会．工程项目组织与管理[M]．北京：中国计划出版社，2017.

[18] 鹿翠．投资项目中的生态环境效益分析[J]．生产力研究，2002，(6)：125-126.

[19] 国家发展和改革委员会资源节约和环境保护司，中国国际工程咨询公司．固定资产投资项目节能评估报告编制指南系列丛书 公共建筑项目 水运工程项目（2014年版）[M]．北京：中国计划出版社，2014.

[20] 吴凌霞，杜威．建筑工程评估基础[M]．北京：清华大学出版社，2016.